香香的

碧湖玉泉 著

中国国际广播出版社

序

书香？书芳！

我已经不记得是怎么认识碧湖玉泉的了。

只记得，在某个论坛上，她的古董香收藏让我羡慕。对于文字，她更是有着自己的执著，从香评到武侠小说的各类涉猎，都一一诠释她的那份恒心。

或许恒心才是最让人感动的事情。忽略时间，纯粹地记录。日复一日，文字慢慢堆积，最终找到某一个出口，宣泄而出，汇聚在这本书满芳香的手卷之中。

这本书或许可以看作是她这么多年来对于香水痴迷的"自白"，是一份痴迷的文字诠释，是一种热情的延续。香水的世界，在她的笔下，简单而又迷人。通过一字一句的描绘，将一个虚无而又充满艺术的世界，淋漓地展现在读者面前。香水从来不应该是拒人于千里之外的，这是一份互相感动的瞬间。对于那些爱恋着香水的人们，这本书满芳香的集子，或许会给你带来些许共鸣。

请放松心绪，拿起这本书，随性地翻上几页。或许能从中读出一缕氤氲芬芳，所谓"书香"，不过就是指这个含义吧。

李竞

2013 年初秋深夜

李竞：香水业内专家，时尚专栏撰稿人，网络昵称"bach2000_香色间"

代自序

香学大师刘良佑说："人都是天生喜欢好味道的。"

掉进香水这个大坑纯属偶然。要不是我老公不小心打破那瓶一直闲置的真我 Q 香，再加上第五大道和 Coco 小姐的催化，我也不会对香水有任何情感上的化学反应。

在爱上香水之前，我很难想象自己会如此沉迷于各种香气，沉迷于辨别认识香材，沉迷于将嗅觉转化为味觉和视觉，沉迷于将缥缈气味转化为文字。

香水就其本质而言没有任何价值，多它不多，少它不少，只是一种取悦自身、提供乐趣的调剂而已，其中起关键作用的，还是我们的嗅觉、记忆和想象力。而它的神奇之处在于，调香师居然能用有限的香料，创造出这么多种精彩而奇妙的

味道来。

　　曾经看到这样一句话，觉得挺有意思："'香'为何物？若从根性本质看，它非气、非木、非烟、非火，即非虚无，亦非实有，一如世间种种，不过是'存在'与'虚无'间的幻化百态。因其超越了有无之别，出入无常，所以可以涵融世间诸相……"。这说的是线香，可我觉得描述香水也适用，特别是这一句，"存在与虚无间的幻化百态"，说到了香水的本质。

　　我是"蜗居"在小山城的香水发烧友，不敢与香水达人、专业人士比肩，但呈献给各位香友的绝对是一道关于香水的"私房菜"。

　　鞠躬！感谢！

碧湖玉泉

2013 年 2 月

目　录

CONTENTS

❖ Acqua di Parma 帕尔玛之水

❧ Colonia 克罗尼亚 ❧

Colonia 是 Acqua di Parma 香水屋中最著名的中性香水，于 1916 年推出，听说这支香水创作的蓝本是拿破仑最爱的 Eau de Cologne。JCE[①]为这牌子调了一款 Colonia Assoluta，不知道是什么样的味道，听说是款人妖香，比较好奇。他家还有一个蓝色地中海系列 Blu Mediterraneo，算是一款很简单的中性香。

Acqua di Parma 靠 Colonia 发家，靠 Colonia 和 Profumo 两款香打遍天下，Profumo 始终无缘得见。听说几十年前就停产了，终不知是何种风情。我又忽然希望 LVMH 集团行行好，能把 Profumo 重现，就算出个限量抢钱版也行，只要是原味的。

虽然 Colonia 推出快一百年了，可也不会觉得老气过时，甚至没太多老香水的影子。这款香水刚喷出来时是柑橘、绿叶和马鞭草的味道，很清新，还有一点茉莉的吲哚淡臭，中调是柔韧薰衣草、清凉雪松以及些微花香，柑橘清甜中还透出一点广藿香的苦，后调有些干粉微甜，拍点清水上去，又会有类似青草和树叶的青葱味道散发出来。

四季都能用，男女都可，比较百搭，年龄不限，当然三十岁以上的会更适合。虽然他算是中性香水，在我皮肤上的表现倒是偏女性一点。留香时间比较长，维持上班八小时完全没问题。好玩的是，这款是 EDC 啊，留香时间却足有一天，那些两小时就散的现代香水你们好意思吗？！

① Jean Claude Ellena 的简称，为法国著名调香师。2000 年创立 The Different Company 品牌，2004 年开始成为爱马仕专属调香师。

❧Iris Nobile 鸢尾花❧

凭我个人好恶来说，用那些花花果果创造香味，其实属于末技。不用花果本身香精，只用其他香料造出气质神似的香，那才是上品。不过这论调有些形而上，真正实现比较困难。事实是，能用花果本身香料打底子，让闻到香味的人联想起花果的真实形象，已属不易了。

Iris Nobile基本做到了这点。香水一喷出来，我脑子里就冒出一个词：气势如虹。对于鸢尾花，我不清楚是怎样具体的味道，只知道鸢尾的根茎带有粉气，闻起来是西式药片捣碎成粉的感觉。其实这款香水，我刚开始感受到的是柑橘和雪松。紧接着冲出的花香，是晚香玉和橙花，伊兰伊兰照例从旁衬托，反而香水名称里的鸢尾却感觉不太到，即便是粉感也很不明显。但这香味，却能给我鸢尾成片盛放的视觉观感。

我想，或许Iris Nobile想表现的，就是视觉上的鸢尾，而不仅仅是气味上的相似感。这款香水在我印象里，似乎更像一大朵紫色的兰花，花瓣中心部位还带着由金黄过渡到金红的花纹。这是油画上照片里的鸢尾，有着浓艳色彩和完美形态，不见泥土根块的真实形象。

◇ Amouage 爱慕

Epic Woman 史诗

阿拉伯不愧是香料之都，爱慕这个阿拉伯品牌出的香水，都是真材实料，浓度极高。

Epic，名为史诗。一部史诗应该是怎样的？Ta必须波澜壮阔，震撼人心；必须跌宕起伏，情节曲折；必须有生死离别，能发人深省。

这是款香如其名的香水，真的如史诗一般壮丽。刚开始还一时觉察不出，只觉得是带些许甘甜的药水味。可没几分钟，香料之间堆积冲撞，层层叠叠围绕上来，时不时交替变换。强势热烈，令人难忘，尤其是沉香，真真地震撼到了我。其实还有个重要的原因——我喷多了……

里面类似体味的味道很重，喷得太多的确会让人萌发生离死别之感，连我这个大重口都经受不住，缴械投降，连忙冲洗掉一部分才能承受。

慎重，慎重。切记，切记。

Annick Goutal 安霓古特

Neroli 橙花

Annick Goutal, 安霓古特, 法国香水屋, 创立于 20 世纪 70 年代, 是小众香里的大众品牌。创始人 Annick Goutal, 已于 1999 年去世, 享年五十三岁, 现任掌门是她的女儿 Camille Goutal, 也是大美女, 接任之前是静物摄影师, 她和调香师 Isabelle Doyen 一起合作。

Annick Goutal 最初的工作是模特, 后来半路出家当了调香师, 居然干得风生水起。

她家的香水一般分普通装的 EDT、EDP, 蝴蝶瓶 EDP 和限量蝴蝶瓶。总体给我的感觉是"精致的简单", 虽说她家的香水闻起来味道很简单, 其实那是精心配制出来的, 好比化妆里的无妆感。味道大多比较清淡内敛, 非常适合在钢铁水泥丛林中战斗的白骨精使用。我很喜欢安霓古特, 唯一的遗憾就是, 她家普通装的 EDT 留香时间大多不长, 撑死了只有半天。

Neroli 是我接触的第一瓶安霓古特, 也是第一瓶小众香。这支橙花, 不像其他香水里那样甜美柔和, 也不厚重浓腻, 而是略带锋利感的清冽, 如同现今流行的长西装, 清爽干脆。

刚一喷出, 先闻到的是绿草和鲜活的树叶气息, 随着时间推移, 锋利感慢慢减弱, 橙花香变得淡雅悠闲, 柔和沉稳下来。丝丝缕缕, 沁人心脾。就像走进了一片雨后的橘林, 最早映入眼帘的, 是鲜嫩翠绿的橘叶。然后慢慢地, 白色的小

花在绿叶中闪现。走近了，你还能看见浅黄色的细小花蕊。大片的绿点缀着星星点点的白，煞是养眼。

　　这是我记忆中橘子花的香气。那时候我住的这个小山城还没现在这么大，这里盛产柑橘，以前每年五六月份，橘树开花，那些白色小花散发出来的香味，随风吹送，满城都是清冽的橘子花香。那时节，从外地坐车回来，只要闻到这阵花香，就知道快到家了。可现在城市建设扩大，砍了很多橘树，要闻橘子花香，恐怕要跑到乡下去。

　　我很少有大爱的单一花香香水，但是独爱这支，至今依然位列我最爱的前十，地位不变。或许先入为主总是会有好感的吧。

❧ Eau de Camille 卡米娅之水 ❧

这是 Annick Goutal 女士专为她女儿 Camille——也就是现任安霓古特掌门——七岁的时候调制的，因为 Camille 说想要一瓶剪割过的青草味道的香水。如果没记错的话，她为女儿调的还有 Eau de Charlotte 和 Petite Cherie。

最早接触这款香水是因为一本时尚杂志，上面介绍说是雨后草原的清新味道，这句话像利箭，顿时射中了我的心。Eau de Camille 果然没有让我失望，前味就是刚剪割过青草地的味道，很好闻很清新的草腥味～然而并不是把草切碎了放到鼻子底下闻的味道，而是走在草地上，不远处飘过来的带露水的青草腥香。随后橙花和茉莉慢慢浮现，果然是雨后花园草地的清新气息。

我收这瓶香水已经四年，前调已经挥发，只余花朵没有草了。气质马上温婉，不复青春活泼。少艾成了熟女。光阴如流水，岁月催人老。

Petite Cherie 小甜心

　　小甜心 Petite Cherie，是 Annick Goutal 为了庆祝女儿从女孩成长为女人而调制的，除了 Eau de Camille 和 Eau de Charlotte（Camille 和 Charlotte 是她女儿的名字），这是我所知道的第三款她为女儿调的香水。

　　Petite Cherie 前味就是青草刚刚剪下来切碎了的味道，草腥味非常逼真。轻柔淡雅的花果香气夹杂在草叶青涩的腥气里，美好粉嫩。怪不得我们长大成人之前的那段时间，被称作青春、青年，原来我们都是青草啊！

　　成长就意味着把青涩剪割切碎，慢慢过渡到鲜花和果实，真算是形象的比喻。到此为止，感觉都很美妙。然后，然后就慢慢变成浪凡的光韵了，也有人说是海飞丝洗发水的味道。

　　就像你刚刚飘上云端，正展翅欲飞，下一秒就啪唧一下摔到地上了，还带响的 T_T 而且 EDT 留香时间实在太短了，难道这也意味着青春短暂，一去不复返？！

❧ Eau d'Hadrien 哈德良之水 ❧

柑橘调里的经典之一。但凡经典，都会让人有似曾相识感，没法子，致敬的后辈太多。而且柑橘调也就那几招，创新难度太大，能把柑橘作出花来的，大概也只有 JCE 了。货真价实的中性香水，Ta 的香气既不会太阴柔也不会太阳刚。男人用 Ta 不会变成娘娘腔，女人用 Ta 也不会变成男人婆。

品牌二十五周年庆出了限量手绘蝴蝶瓶，号称全球限量一千瓶，每个香水瓶上都写有编码。我初进小众坑的时候啥也不懂，战战兢兢收了一瓶小心供着，同时收进来的，还有一瓶曼德拉草。

前些日子感觉 Eau d'Hadrien 瓶口松动，干脆就开了。味道其实也心中有数，所谓限量这种东西果然是骗钱的，最多勾引一下新入香坑者和瓶控。当然限量里也有比原版好的，不过这个不在此列，味道和其他包装没分别，留香时间也一样坑爹……

至于那瓶子上的花纹图案，其实我自己也能画。总之，下次不会再上当了。

◈ Armani 阿玛尼

Acqua di Gio 寄情水

译名"寄情"这款香水比较好闻，比较好"穿"，属于百搭香，就是前味稍冲。

不过，也就仅仅只是好闻而已，论个性讲风格那是谈不上。

给人的第一反应是好闻的花果调香水，而洒在我的皮肤上果味偏大，不张扬，不浓艳，随大流，在我脑子里留不下太深的印象。我倒觉得男香忘情水的名字比较适合她。不过，这个忘情水不是那种能使人忘掉感情的意思，而是指"调香师调制的时候忘记对这款香水投入感情"。

但她很有空气清新剂的风范，实在是挺不错的室内香氛。唉，空气清新剂厂商，拜托你们不要老是用这类花果调好不好╮（╯▽╰）╭

Code 密码

　　甜美直白。不用过脑子的甜香之一。因为不过脑子，所以也留不下太深印象。只觉得瓶子上的蕾丝花纹还挺好看，不过脑香水的好处就是简单易"穿"，场合随意无压力。

　　据说 Code 还是著名夜店香之一，想想也对，蕾丝和夜店很搭，味道甜美张扬易扩散，再加上转眼就忘，可不是就适合夜店吗？

　　夜店里的邂逅，也是转眼就忘的。

◈ Bill Blass 比尔布拉斯

Bill Blass 比尔布拉斯同名香水

Bill Blass 同名香。1978 年出品的香水，浓郁是当然的。晚香玉的香甜很明显，檀木隐隐约约，除了粉感，还时不时飘来一阵绿意。整支香给我的印象，就像一朵有着厚实大花瓣，四周围着绿油油叶子的大白花。她的味道虽然偏向栀子铃兰和晚香玉，但是给我的视觉影像，反而更像泡桐的花和叶。

2006 年出的同名 EDP 和 1978 年的 EDT 是完全两个调调，不过挺好，绝非不用过脑子的小白香。在我皮肤上同样以白花为主。若说 EDT 是一朵香气四溢的碧绿花叶白色栀子，EDP 给我的感觉，更像是白色的玉兰，也许香味不如前辈浓烈，但风姿还是比较迷人的。从前味中味来看，香调的构成和韵味更接近欢沁。

将近三十年过去，伊丽莎白泰勒变成了丽芙泰勒，性感玉婆变成了知性精灵女。

岁月是朵两生花。

◈ BVLGARI 宝格丽

Eau Parfumee au The Vert　绿茶
Eau Parfumee au The Blanc　白茶
Eau Parfumee au The Rouge　红茶

宝格丽的茶系列香水比较出名，因为绿茶取得了成功，所以后来相继出了红茶、白茶、黑茶（Bvlgari Black）和大吉岭茶（Bvlgari Pour Homme）。另几款和茶无关的香水，也被冠之以茶名，比如黄茶（Pour Femme）、茉莉茶（Voile de Jasmin）、蓝茶（BLV Pour Homme）。

最先勾引住我的是绿茶，这是宝格丽的第一款香水，于1992年推出。调香师是JCE，听说他调这款香水之前闻了五百多种茶，并且凭此打出了名气。香水虽名为绿茶，里面用的茶却不是绿茶，而是中国红茶和大吉岭茶。

原本我这个重口喜欢清淡香水的可能性是极小的，不过那时情况比较特殊。记得那是在初夏，我正好在试卡夏尔的海兰珍珠，被浓甜的花果香熏昏了头，之后赶紧洗掉香水随便抓了一个Q香救场，正好抓到绿茶。那种感觉，就像吃了太多的甜食后，马上喝下一小碗除了盐和葱末，再没放其他调料的水鱼汤，那个鲜香清爽，那个舒服啊。导致我第二天马上就买了宝格丽的红绿白三种茶古龙水大包装。

Eau Parfumee au The Vert 绿茶的头香是我们熟知的茶的气味，但这茶香绝不是我们平常喝的绿茶，品起来更像红茶，最接近抹茶粉的味道。茶香淡去，花香浮现出来，淡雅贴肤，清新冷静，简约不简单。后味有点像洗澡之后残留在身上的香皂味，是很好闻很清爽干净的花香香皂。

Eau Parfumee au The Blanc 白茶，除了开始的一点茶香，在我身上从头到尾都是潮乎乎的霉湿味，像黄梅天长久不开窗户的图书馆，又或者梅雨季节的布堆房。胡椒之类也就是前面出来晃一下，仅仅作为点缀，白茶其实就是清淡点的抹茶。我闻过几个常用香料，那股湿味是某种调和 amber ①。

Eau Parfumee au The Rouge 红茶，她的味道简单又让人怀念，这支香水基本不甜，头香是柑橘类的香气，带着香柠檬的苦和红胡椒的淡淡辛辣。红茶的味道慢慢透出来，我觉得很像麦当劳的港式奶茶。中味闻起来是淡淡茶香夹着清凉爽身粉的味道，有点像无花果的那种粉味，有些奶气，还带着丝清凉感。后味的红茶香舒适淡然又清凉。让我想起小时候，夏天晚上刚刚洗了澡，在身上拍了痱子粉，换上"的确良"连身裙，约几个好友，顶着满天星斗，到河边田头去捉萤火虫的日子。那恐怕是很多现在的小孩没有经历过，也想象不到的乐趣。

---

① amber，和半宝石琥珀没啥关系，它本身是龙涎香，又称为 ambra，如今是一种合成香料。

◇ Cacharel 卡夏尔

⌇ Anais Anais 爱奈丝 爱奈丝 ⌇

关于香水名，官方的解释是：Anais 这个名称来自波斯和希腊的神祇安涅忒斯（Anatis），制造者觉得这款香水太美好了，所以连说两遍，也是为了使音节更加动听。话说安涅忒斯掌管生与死。先在这里呈一下口舌之快——果然这个香水有让鼻子死去活来的功能。

这是一款 1979 年出品的香水，那时候的清新花香调和现在的清新花香调是差别相当大的！虽然广告上说这款香水清新温柔而浪漫，其实香味也很浓郁。

我很好奇，为什么宣传上如此美好的香水，味道会和我大学时用的一种风油精很相似？那是白色盒子装的，可惜不记得是水仙牌还是麒麟牌的了。

不过本人觉得，浓郁甜腻的甜味，远不如风油精味可爱。后者最多只是鼻子脑门受罪，至少不会搭上肠胃。经历过大学时期风油精驱蚊术的熏陶修炼，我已经觉得那种绿色清凉液体的气息非常可爱了，想起那段青涩岁月还是比较怀念的。细想之下，除去学业，大学岁月无忧无虑，的确是很美好的时光，即便那段时间只有风油精相伴。

虽然这款香水的主推人群是年轻女孩，可那指的也是 20 世纪 70 年代末 80 年代初的年轻女孩，如今已是 21 世纪，那时候的女孩，到现在恐怕也已青春不再了。所以我个人觉得，三十岁以上的熟女用反而更好。上班休闲都可，春秋冬三季适用。留香时间八小时没问题，就是不知道夏天是否兼具驱蚊的功效。

其实，什么香的穿透力都比不过风油精。

❖ Caron 卡朗

☙ Narcisse Noir 黑水仙 ❧

Caron 是法国老牌香水屋，1904 年成立。原本是一家卖香水的小店。被创始人 Ernest Daltroff 买下后，因为实在喜欢原来的店名，所以就保留了下来，从而延续了品牌。Ernest Daltroff 学的是化学，并没有受过正式的调香培训，据说当初调香水是为了追他的爱人兼缪斯——Felicie Wanpouille，这位女士也是 Caron 香水瓶子的设计者和遗产受益人。其中香水喷泉最有名。用 Baccarat 水晶制造，专门装盛最经典的香水，顾客如有需要，可以自己挑选瓶子去装，店里还有微型喷泉出售。以前在美国，法国香水就意味着两个 C 字打头的香水屋，一个是 Coty，另一个就是 Caron。只是如今后者渐渐式微，昔日王者如今也日薄西山了。

大概因为宣传不多的关系，Caron 在国内默默无闻，只在香水发烧友之间口耳相传。至于国外方面，据说 Tom Ford 爱用 Caron 的第一款男香 Pour un Homme De Caron，Andy Warhol 中意 Tabac Blond 金色皮革，Isabelle Adjani 酷爱 En Avion，麦当娜喜欢 Poivre，卡尔老佛爷也称赞过石中花 Fleurs De Rocaille 是最好的香水。还有电影《闻香识女人》，里面就提到过 Caron 家石中花的芳名。

其实我应该先说他家最出名的金色皮革，可介于我只闻过 EDT，Caron 各个级别产品线之间的差距又实在太大——总店里的原版香精盛惠二百五十英镑五十毫升，普通线的 EDT，五十毫升基本在两三百人民币上下——而且 EDT 和香精之间的差别，远远不止价钱上的差异。金色皮革 EDT 版，香水评论界毒舌大神 Luca Turin 只给了一星，Tania Sanchez 对黑水仙 EDT 的评价是两颗星，由此可见一斑。

老香水的味道很难形容，最直观武断的说法，莫过于下列几个印象：花露水、红花油、风油精、爽身粉、大肥皂和空气清新剂。没法子，谁让日常香料用的就是这些。黑水仙 EDT 的香味，用前面那种简单粗暴的描述法，就是花露水＋以前洗衣服用的大块黄色不透明肥皂。如此形容真是韵味全无，其实复合花香哪有这么简单啊，就算是日常使用的花露水，味道也有层次。

我一直好奇那肥皂味究竟是什么，不知是麝香还是橙花。麝香原料我闻过三种，花香，杏仁味，墨汁香味，暂时还没闻到类似黄色肥皂味的原料，不过那三种到了最后都有沐浴露之类的皂感。我以前认为那种肥皂味是麝香，可对比之后，又觉得该是橙花，或许等有机会闻过老式的橙花原料，就会豁然开朗。

❧ Nuit de Noel 圣诞夜 ❧

圣诞夜 (Nuit de Noel) 比 5 号晚出生一年，也是复合花香，也是曾名噪一时的经典。可惜如今除了在名香史上留下一笔，她早已淡出舞台，5 号却依然风头强劲，真是时也，命也，运也。

一款香水的推出，除了味道本身，名字也很重要，香水名要是取不好，会间接影响销量。而取一个朗朗上口，又好听又好记还要意义深远的名字，实在是很难。我原本不明白，为什么这款香水叫圣诞夜，闻过之后才若有所悟，初始的花团锦簇，中段逐渐低调收敛，最终娴静柔和，的确像圣诞狂欢过后，寂静安详的夜，而基调的融融暖意，更是契合新年团聚的温馨氛围。

　　圣诞夜在试香纸和皮肤上是两种完全不同的呈现，依然是个体化学差异在作怪。纸上的香气平平无奇，像是大宅门内不受宠的媳妇，让我想起红楼梦中的李纨，低调、内敛、矜持。香水本身的外在气质是一个标准的圆，可内心总像是空缺了一块，无法圆满。然而李纨并不是木人，她的激情深埋在心底，和那帮姐妹们在一起才会被激发出来。这款香到我的皮肤上呈现出另一副面貌，端丽无方，气势隐然。原本纸上闻着缺失的那块也消失不见，起承转合，圆润流畅，如同歌剧里高低错落的女声吟哦。虽然她依旧比不上芭音在我心中的地位，但却能同5号平分秋色，是属于我的那杯茶，甚喜。

　　又听同好煽动说，圣诞夜的原版香精更加完美，号称是能让其他香水闭嘴的绝世好味道，再加上那款黑色的经典香精瓶，怎不叫我心如猫抓～

　　经典好香太多，奈何钞票太少。

Fleurs de Rocaille 石中花

　　1933 年出品，中文译名石中花、石之花或是洛可可之花。是 Caron 创始人 Ernest Daltroff 调制的最出名的香水，可以说是他的代表作。喜欢看电影的同学想必在阿尔·帕西诺的《闻香识女人》里听过她的芳名。1993 年 Caron 又推出了新版的石中花，名字为 Fleur de Rocaille，Fleur 后面少了一个 s，瓶子也不一样，不知是什么味道。同样有洛可可之名的，还有一款 Miss Rocaille，那是 Caron 针对年轻市场所出的香水，属于闻过就忘的类型。年轻市场香怎么都是这副德行，难道是调香师想表达"年轻就是没烦恼，有烦恼也能转眼就忘掉"这个深刻内涵？

　　Fleurs de Rocaille 的前味稍冲，让人印象强烈，闻不惯老香的同学可能会觉得熏人。不独香家的 5 号，很多老香都喜欢用醛来开道。在我看来，醛香和茉莉花香中特有的淡臭融合在一起，就好比一块石头，咔嚓一下拍到头上，然后你就能看到金花四溅了！这就是所谓石中花的终极奥秘啊！

　　以上纯属恶搞。

　　说她前味强烈，其实还远远烈不过拜占庭，最多和 Ma Griffe、芭音还有黑水仙不分伯仲。而中后味很快就低调下来，十几分钟过后变得沉静贴肤，一点都不扩散，也没有侵略性。花香中透出一股温润柔和气息，闻起来感觉软韧，有种暖意。带着湿气，好像受了潮的木调，很轻微，好像还有淡淡的依兰和夜来香，一点干枯的玫瑰花瓣味。整个香味柔中带刚，若隐若现，你觉得闻不到了，她又会悠悠然飘过来。如同在石缝中盛开的花朵，真是很符合译名——石中花。

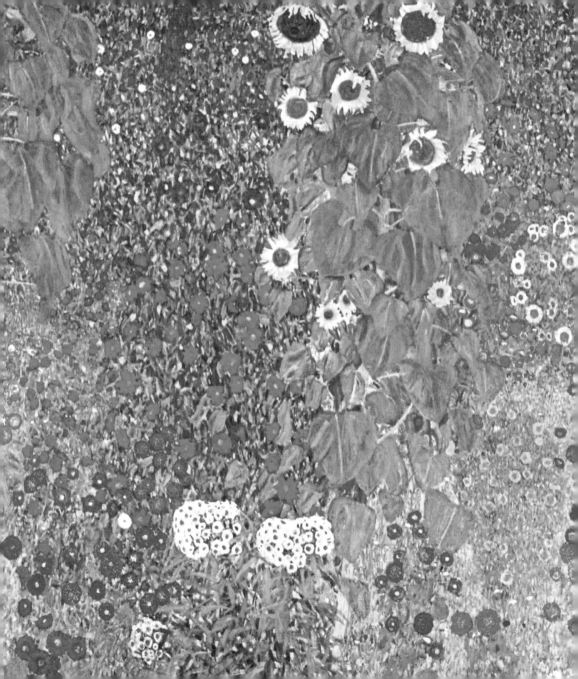

◄ Bellodgia 甜心 ►

　　康乃馨其实也没有天然精油，这种香味是由调香师用丁香和香草合成创造出来的。

　　曾经有从事化学行业的香友在论坛上列出许多香精的化学分子式，看过一堆六角形下写着各式香料名，感觉相当之囧。然后香友 D 说了一句话："……自己围着一堆看不懂名字的化学分子在那里 YY 什么玫瑰啊茉莉啊晚香玉啊……"这句话杀伤力极强！一霎时打击得我写香评的激情荡然无存！可见许多事还是不要知道太透彻为好，尤其是特别需要感性或浪漫情怀的，比如爱情，真用纯科学去分析，那实在是说不出啥味道来。

　　Bellodgia 是以康乃馨为主的女香，一开始就是淡臭的茉莉加上丝丝尖锐的花香，那种尖锐很有穿透力，仿佛瞬间就能通过你的鼻腔直达印堂。一点都不夸张，真的是直冲到前额，提神醒脑得很。头香芬芳馥郁，在三十分钟里逐渐淡去，玫瑰和茉莉跟随主角花香的脚步时隐时现，夹杂着西药药片的粉味。康乃馨的味道很难形容，似曾相识，但又词穷到无法描述，唯一能想到的最贴切的形容，也只有"穿透力强"这个词。

　　丁香的刺鼻感会随着时间慢慢淡去，那种通透的尖锐又和宝格丽女香 Pour Femme——黄茶里的辛辣锐利有所不同，感觉比黄茶要舒服。铃兰在我皮肤上不明显，中调似乎有极轻微的香甜粉感，有些类似我小时候吃玫瑰酥糖时，从口腔通到鼻腔的某种香甜回味。而香草给馥郁花香增加了甜蜜度，它在 Caron 的女香里总算闻起来不像奶油香草冰激凌了。

　　我也用过 Maitre Parfumeur et Gantier 的红色康乃馨，前味和 Bellodia 很相似，可惜到了中后调就散得不成样子，和这款 Bellodgia 比，无论品质还是价格，都远远不如。Bellodgia 像什么？让我们埋头在一堆化学分子式里继续 YY 一下。她像一个沉浸在爱河中的贵族女子，甜蜜热情而又矜持内敛。如同红色康乃馨，花朵鲜艳夺目，却闻不到什么花香，一种矛盾的和谐感。

❧ Parfum Sacre 皇冠 ❧

　　每一个香水屋都有自己的香水基调，Caron 自然不会例外，这是品牌的神韵和精髓所在。Caron 的基调有一种内敛端庄矜持的华贵，被人形容为女爵，像是老派淑女的淡然浅笑，如坐春风，坚定卓然。我喜欢这种优雅沉稳、娓娓道来、却又内有风骨的格调。他家香水普通线的定价在小众香里非常厚道，但品质绝不在娇兰爱马仕香奈儿迪奥等主流香水之下。

　　我接触的第一款 Caron 香水是大名鼎鼎的黑水仙 Narcisse Noir，但目前最爱却是 Parfum Sacre，大概这款香水和我骨子里的某个本我性格契合吧。

　　Parfum Sacre 出品于 20 世纪 90 年代，我总觉得她有 YSL 鸦片的影子，像是鸦片 EDT 的低调温柔版。她的辣不像鸦片 EDT 那样尖锐且烟熏火燎、咄咄逼人，而是辣得圆润温和有韧性，是一种给人以暖意的温柔辛辣。Parfum Sacre 的傲气是藏在骨子里的，行动始终举止有节，礼貌周全。用玉石来比喻的话，她就像羊脂级别的和田玉，光华内敛。她或许不能成为潮流的先锋，领先于时代前端，但绝对是这股风潮的中流砥柱，虽略微落后一步，却并非中庸，只是因为天性使然，不是那种天纵英才而已。要知道跟随领路者，也是需要很大勇气的。

～Pour un Homme de Caron 男士淡香水 ～

　　Pour un Homme de Caron 出品于1934年，听说一直很受追捧，至今配方从未改版，这话真假难辨，且先姑妄听之。我曾在草莓网上看到过有七百五十毫升装的巨怪出售，不知道这个能否作为Pour un Homme de Caron深受男士欢迎的佐证。绝对没看错，是七百五十，不是七十五，是香水，不是沐浴露润肤露，七百五十毫升才九百多元，Caron真是厚道！

　　这款男香有几张海报让我印象深刻，其中两张都演绎了一位胡子拉碴的长发糙爷们，手捧橄榄球，一幅静止凝望，一幅起势欲扑，雄性气息扑面而来。还有一张比较有趣，背景是旅馆的卧房，身穿女仆装的女子正抱着一件男士外套，一脸陶醉地闻着。这让我很好奇，到底是什么样的香水，能让那位女旅馆服务员抱着男顾客的外套发花痴。

　　想象总是比现实有趣，广告总会把产品夸大。Pour un Homme de Caron 虽不如海报惊艳，却还算名副其实。这也是一款男人香，以薰衣草为主，起先粗糙，而后润泽，带着果肉柔韧口感的药味草本香，加上柑橘类的气息，夹杂着类似爽身粉的香味，透出一丝清凉的辛辣，有些细微的粉感。到了后调，香草的甜美淡然溢出，却不阴柔，奶油味也不浓重。

　　1934年出品号称从未改过配方的香水，的确有想象中的那个年代的味道。他其实并不像另一张海报上的橄榄球运动员那么粗犷，反而是位安静优雅，沉稳精致，文质彬彬的绅士。细品再三，我想我有点理解那位女服务员的花痴行为了。

◈ Cartier 卡地亚

☙ Le Baiser du Dragon 龙之吻 ❧

中文名为龙之吻，西方人眼中的东方，总是怪模怪样。一千个人心里有一千个哈姆雷特，一千个外国人眼里也有一千个中国。如同《丁丁历险记》的作者埃尔热所描述，绝大部分外国人脑中关于古中国的形象，莫过于男人后脑勺的小辫子，和女人尖尖的小脚，当然，还有金色的龙和中国红。

龙之吻是草本苦药味，大概调香师很喜欢中药铺的味道。邦九号的中国城也是奶油香甜里透着药感苦涩，似乎更接近东方美食调，倒是 JCE 调的香水更有中国精神。

不知怎的，龙之吻的味道竟让我想到了最近银幕热播的宫斗戏《甄嬛传》，还有早些时候的《金枝欲孽》。在古代，龙即天子。龙之吻，可看作是皇帝的宠信和喜爱。在影视剧构造的后宫世界，后妃得到皇帝的青睐，是幸运又是不幸。女人都希望能得一心人，可皇帝却有太多的女人。浓重苦味下压抑的甜，如同剧中描写的深宫爱情，小小的幸福，巨大的绝望。

◈ Carven 卡纷

⌘ Ma Griffe 玛姬 ⌘

一般来说，早年老香水的味道都避免不了下面几种情况：像红花油，像风油精，像碳素墨水，像爽身粉，像花露水，甚至像以前洗衣服常用的黄色老肥皂，再或者，像以上几种味道的混合物。

首先，Ma Griffe 是老香水，而且是20世纪50年代前推出的，里面还加了醛，不能接受老醛香的童鞋请止步。然后，她是柑苔调的。Miss Dior 就是苔香型，感兴趣的童鞋可以先看看能不能接受 Miss Dior，如果没问题，那就好办了，Ma Griffe 比迪奥小姐容易接受一点，味道像香水一点。

再然后，年代比较久（三十年以上）的香水，就算改过配方，也不一定适合现代的口味，也不一定适合三十岁以下的美眉。虽然 Ma Griffe 在当时是专门为初入社会的青春妙龄少女所设计，但时代早就过去，现在的妙龄少女和职场新人，已经不适合用她了。

再再然后，以前的香水基本不会考虑亚洲市场，而欧美人种的体味都比较大，所以香水都会比较浓郁。如果以上几点都能克服，那么恭喜你，请好好享受经典吧。

细品 Ma Griffe，这的确是为职场新人调制的香水，我喷上她总觉得精神抖擞，心胸开阔，意气风发，前路无阻挡，甚至会有种很"和气生财"的感觉。中后味闻起来总是让我想到糖水里面淡棕色软软的桂圆肉，软韧有嚼头，真是奇怪的联想！

　　这款香水刚推出时的广告曾经轰动一时，一千个装着 Ma Griffe 的小瓶子，系着或白或绿的小小降落伞——白和绿正好是 Ma Griffe 外包装盒上的颜色，从巴黎上空掷下，相当有创意呢～

◈ Chanel 香奈儿

➤ N°5 5号 ➤

　　若问世界上什么香水最出名，答案肯定是香奈儿5号。无论你是不是香水发烧友，是自用还是送人，5号都是一个绕不过去的坎，你还别不服气，她的江湖地位就摆在那里。有不少同事托我帮忙买香水送人，指名道姓都要5号，即便有一时叫不出名字的，看到图片也拍手指定就是这款。梦露的睡衣不愧举世闻名。

　　撇开浮华的表面虚名不谈，实实在在说5号。虽然首次采用醛香和复合花香的并不是她，然而在当时，她的确开创了一大潮流。5号其实也不能算太惊艳，芭音、黑水仙、圣诞夜、蓝色时光、蝴蝶夫人、Joy、一千零一夜、鸦片……许许多多经典名香，都不会比她逊色，可时至今日，其余众美或改版、或停产、或凋零、或湮没，唯独她辉煌依旧，一直畅销到现在，这不能不说是一个奇迹。5号能有现在的地位，那是时也命也运也，天时地利与人和，缺一不可。

　　记得我刚接触香水那会儿，对5号是嗤之以鼻，认为不过是香家广告舍得砸钱，碰巧请对了明星代言。就像所有离经叛道的少年一样，对小众追捧至极，对主流不屑一顾。还有一个主要原因，是因为5号一直都有得卖，而且在香水市场上销量始终稳定且领先，相比之下，收集那些随时都可能停产的老经典当然要迫切得多。不过，我倒很庆幸自己是在商业、限量、小众、经典、老香里兜兜转转一大圈之后，才开始用5号，唯有这样，才能真正觉出她的好来。

　　香水明里暗里的改版不能避免。从1921年诞生到现在，5号早已不是最初的味道。其他衍生品我兼顾不了，就掰一下5号的EDT、EDP和香精。三个调香师调制的三版 5 号，品牌的气质虽一脉相承，味道却不尽相同。最初调制的是香精版本，接着是 EDT，然后香家现任香水掌门贾克波巨[①]调制了 EDP。

在我个人体会中，EDT 比香精版多了果香，少了木香，柔和了醛香，繁复了花香，减轻了熏感，收敛了凛冽，放低了姿态，舒缓了眉眼，最适合日常使用。EDP 则像是一位迫切想展示声线的女歌手，从头到尾一直飙高音，一路到底不肯降，闻着感觉累人又累心。那香精呢？我最爱 5 号香精，在醛的辅助烘托下，香味醇厚馥郁，气势如虹却又低调迂回。尤其是迷人婉约的中后调，平和软韧，深沉但不厚重，刚柔并济、明朗大方，分寸力度拿捏得恰到好处，是一个带着旧时做派、温声细语、礼貌矜持、低调委婉，骨子里又隐藏傲慢的优雅女子。用女人花这首歌来描述，香精是"爱过知情重，醉过知酒浓"；EDP 符合"孤芳自赏最心疼"，EDT 则像在唱着"花开不多时，堪折直须折"。三种版本便是三个境界，如同女人三个阶段的爱情态度。

每次闻着 5 号香精，总让我觉得，穿着她入梦的梦露，内心无关性感，伊心里想的其实是，愿得一心人，白首不相离。

---

① Jacques Polge，著名调香师，后会常提到。

✿ N°19 19号 ✿

香水圈里一直有人说，真正能代表 Chanel 女士精神的，其实并不是 5 号，而是 19 号。我并不了解 Chanel 女士，没看过她的传记，对于她的认知，也仅仅只限于一些偶尔听到的八卦而已。她的精神我无从体会，不如只说香水本身。

5 号虽然对外宣称如何如何，其实内里，还是有暗中讨好大众的意思在。毕竟香水是商品，如想长久稳定畅销，还得靠市场良性循环才能维持下去，就算再独立自我的 Chanel 女士，还是要考虑顾客受众的心理。然而 19 号有些例外，她是 Chanel 女士去世前几个月——也即 1970 年——出品的，我依稀记得有人说过，那时候 Chanel 品牌步入低潮，已经在走下坡路，不知道 Chanel 女士是否在 19 号

里倾注寄托了自己重振品牌的愿望和决心，因此相比之下任性很多，也更加年轻和意气风发，颇有种一去不回头的冲劲和凛然。

　　某款经典香水年代一久，难免会生出不少衍生品，就算不能年年出限量，最低限度也要来个三件套俱全。我一直搞不懂，为什么同一款香水非要出个EDT、EDP、EDC和香精。后来想了想，自认为香精如同名曲，EDT、EDP、EDC则是符合时代的各种简易普及版变奏；又或者根本是我想多了，这只是商家赚取流动资金的手段而已。

　　19号还好，目前为止市面上还在售的，除了三件套，还有一个No°19 Poudre。虽然贾克波巨在慢慢地败香家的口碑家底，可至少经典老香的普及版变奏还是各有风采。

不过在讲味道前，我先来辩一下 body chemistry——个体化学差异——这回事。不知道大家是否遇到过这种情况，同一款香水，在自己和其他人身上，散发出来的香气不尽相同，和试香纸上的味道也有差别，先别急着怀疑自己买到了假货，这或许是个体化学差异在作怪。认真说起来，body chemistry 其实和化学没太大关系，纯粹是个人皮肤温度、油脂分泌和水分多少的问题，而就是这些因素，影响了香水中的香料在皮肤上的挥发。

为啥说这个？因为 19 号 EDP 初次让我领教了个体化学差异的魔力。

我先用的是 19 号香精，里面白松香气势强劲，透出丝丝绿意，花香柔韧，木调橡苔沉厚，即便是尾调的皂感，也有一种凛冽的爽朗，很合我脾胃。曾有香友说过，19 号 EDP 和香精很不相同，她最喜欢里面的玫瑰，这句话让我印象深刻，于是用 EDP 就格外留意。可在我皮肤上，玫瑰居然无影无踪，完全被树脂所覆盖，刚开始有绿意，然后在气势澎湃的白松香里，透出略显潮湿感的木头纸张味道（或许也可认为是霉味），带一点腥甜。白松香非常突出，从头至尾一路狂奔到底，和香精基本一般无二。不同之处在于，香精的层次要比 EDP 丰富许多，也更加醇厚。我不信邪，就又在试香纸上试了一遍，这次玫瑰呈压倒性胜利，树脂屈居为辅臣，细品之下，分明是一朵带刺的白玫瑰。当时是在冬季，等我到盛夏使用又是另一种情形，EDP 里虽然还是树脂为主，可花香终于扭捏出现，总算让我领略到一丝白玫瑰的魅力。香水在不同的季节，表现的确会有所差别，这大概和皮肤体表温度有关，也属于个体化学差异范畴。

　　至于 19 号 EDT, 她在我皮肤上, 总算不像 EDP 和香精, 从头到尾都是树脂一枝独秀了。前调是花香, 莺尾比较突出, 绿意较浓, 香味轻透, 不像香精那样凛人。树脂开始极淡, 几乎淡不可闻, 中调后半场才慢慢展现, 并持续到底。和 EDP 香精比, EDT 乖巧顺从了很多, 像是初入职场的年轻人, 处处礼貌谨慎, 陪着小心, 但也有自己的风骨, 内心深处不愿流俗, 希望保持自己的棱角, 不愿被社会洪流冲刷成鹅卵石。

　　19 号在香家的经典里, 是属于比较年轻的一款。至于后来的 Coco 小姐、邂逅之类, 让我深刻感觉到, 我似乎是老了, 已经不适合现在新出的香水了。

⤳ Coco 可可 ⤳

相对于不同类型的香水在不同环境下用的说法，其实我更倾向于不同香水在不同心情下用的论调。比如一连几个阴天，我会想用欢沁；要是感觉心情浮躁，我会想用 Envy；如果日子平淡无聊，我就穿上卢丹氏；赶上一段时间工作异常忙碌，我会拿出阿蒂仙家的香水——随便哪款——狂喷一气。不同的味道会给人带来不同的心情，环境倒是摆在第二位。

至于服装搭配方面，我一直都是大乱斗状态，时常休闲装喷 5 号、鸦片，正装搭配 CK ONE 之类。而且说实在的，这座小城市里，我一个普通上班族，没机会盛装打扮,也没啥重大场合需要我参加,用香环境非常宽松,自然无需太过讲究。

不过有些香水绝对例外，你要是衣着随便来"穿"她，心里会感觉相当别扭，香家的 Coco 就是其中一例。Coco 香精开篇温苦粉香，amber 熏感虽重，却恰到好处，整支香高调凛然，气场强大逼人，是礼服的最佳伴侣、红地毯的精神援助，让你成为派对上的镇场女王。EDT 相比之下婉约收敛些，前调香粉味里透出一丝甜润，适合日常使用，不过还是稍感张扬，属于高管气质，绝非你我这些小 OL 能够驾驭。香精和 EDT 气场强弱虽不同，尾调却类似，只不知 EDP 是何种风采，虽不能无拘无束地"穿"她，可还是心生向往。

后来的 Coco Mademoiselle，颜色由深变浅，气势也大相径庭。花果香，脆甜，前味夹杂水生调，EDT 和香精无甚区别，只稍低调些。香家张扬的气场只在开篇闪现，如少女身着粉色缀碎钻雪纺裙，美则美矣，一眼就望到底，没啥内容。

派对女王年华老去，由她女儿接班，可惜这位小姐资历太浅，皮囊和内在都娇嫩，存在感太过薄弱，压不住场。

～ Coco Noir 黑可可 ～

黑可可。不知是否和 2012 这个所谓的特殊年份有关，好多香水都出了 Noir 款，终于现在香家也加入了。当然，宣传资料上说，黑可可的灵感来于威尼斯，和 2012 没啥关系。

威尼斯我没去过，只看过图片书面和影视资料，也想象不出这座水城有什么味道。印象中似乎爱情和浪漫这两个词与它形影不离，或者还有古时候在那里交易的东方香料？虽说苏州有东方威尼斯之称，可西方人眼中的东方从来就和真正的东方有巨大偏差，所以我无法闻香生义，只能以香说香。

至今的黑可可算是第三代了 (Coco Mademoiselle 那些前缀后缀衍生我通通归作第二代)。Coco 气势太强，艳帜高张，Coco Mademoiselle 姿态过低，路人平凡 (香家里相对而言)。现今这时代，女人太强容易被"胜"下 (没错，不是剩)，刻意伏低讨好又心有不甘。于是乎，女人开始自我进化，两代可可相互妥协折中，黑可可就此应运而生。

黑可可的味道建立在 Coco Mademoiselle 的基础上，花果水生甜蜜依然，多了水仙、天竺葵叶、檀木和乳香，加重熏感，气势提升。甜蜜有了木质和香料的厚度底蕴，不再轻飘飘，于是我原深有偏见的水生也开始变得顺眼。我不禁想，难道水生调暗示着威尼斯是个水城？乳香和檀木则意味着东方？

整个香水的质感和 Christian Lacroix 的广藿乳香、邦九号的中国城、万宝龙的星辰 Presence、Boucheron 的 B 可谓手拉手，好朋友。依稀记得黑可可资料里还提到过狮子，Chanel 女士本人就是狮子座。嗯，那黑可可就是粉紫色的狮子。你问 Coco Mademoiselle？那只是一头粉红猫咪好伐，连豹子都算不上。

有些香水天生就适合礼服，比如第一代的 Coco，香精尤甚。若说 Coco 是黑色天鹅绒曳地晚礼服，Coco Mademoiselle 是缀了施华洛世奇碎水钻的粉色雪纺，黑可可就是小黑裙。穿件小西装开衫可出日勤，下班之后脱去外套，只需添加一件夸张首饰，便能参加夜晚派对约会，日夜都可胜任。在 Coco 的对比之下，黑可可显得有些中庸。中庸讨厌吗？不不不，极左极右都不久长，只有中庸才是生存之道啊。

2012 年 8 月 Elle 上周迅的 Chanel 大片，使我深有感触。Coco 和黑可可，好比龙门客栈的老板娘，从张曼玉的金镶玉变成了周迅的凌雁秋（曼玉和迅哥儿我都喜欢，很喜欢）。那又怎样？周淮安不也变成赵怀安了？赫本死了，曼玉老了，现在是杨幂的时代，我们应该庆幸，至少我们还有周迅。

提起现在数以千计、如雨后春笋般冒出的新香，我们总是挑剔抱怨，到底不满足些什么呢？一款香水而已，除了我们这些发烧友，根本没人把 Ta 当作艺术品。只要牌子够响，香味好闻，又能有点小心思小意思，能满足绝大多数人的诉求，对市场而言，不就足够了？如今这年头和以前不同，沙龙不复存在，精英沦为贬义，尤其是微博时代，明星成路人，砖家不值钱，人人都个性，想做女王谈何容易，谁会服你？

我在尝试过娇兰新近出产的蝴蝶夫人和蓝色时光之后就忽然顿悟，一件古着，即便再华美再经典，时代过了就真的过去了。与其珍之重之，让她朽坏在箱子里，不如在原有基础上改头换面，让她重新舞动在阳光灯光下。我们唯一能做的，只有祈望她不要变得太廉价。

　　时代大潮滚滚而来，只能顺应，不可逆转。

❧ Allure 魅力 ❧

中文名魅力。说到魅力，有一个小笑话。我刚掉进香水大坑那阵，同办公室的妹子说，以前有人送她一瓶香水，她不认识，一直拿来当空气清新剂喷厕所来着，看我在迷香水，就拿来给我瞧瞧。到手一看，居然是香家一百毫升的魅力，已经下去小半瓶了！用香水当空气清新剂，这才是真正的奢侈啊！

所以对于送香水这件事，我一直觉得风险挺大。不懂行的，送什么名贵香水都没啥作用。瓶子要是好看，倒还能放着当摆设，不然只能沦为除臭剂或车载香水。懂香水的，你送的未必能投其所好。送到位了还好，万一触到雷区，那瓶香水她用也不是不用也不是，想转送给别人都不行。这位看官说了，那就送她在用的呗。万一她审美疲劳了想换口味呢？唉，一个词，麻烦。

一般来说，送香水做礼物，基本都会选 Chanel。牌子大，够响亮，不管是送人的还是收礼的都倍儿有面子。不过实话说，香家众香作为礼物其实未必合适，群芳们基本高高在上，如果用香环境不够宽松，普通 OL 只怕无法随意日常使用。当然，香家还是有办公室用香基本款的，除去 Coco Mademoiselle，魅力的气质比较贤良，可归到冬季普通 OL 用香一类里。

我不太记得在哪个网站看到过魅力的介绍，似乎是 SASA，觉得很有趣。上面说："这款香水超越了传统的三调结构，共有六个层面，彼此重叠，彼此平衡，没有特别醒目的香味，每个女人都能各自诠释不同的层面，让喷上香水的每个人找到自己专属的特质与魅力……"。所谓超越传统三调、六个层面什么的不过是

个噱头，我觉得宣传语里最重点、最能说明魅力特色的一句话是："没有特别醒目的香味"。

事实的确如此。这款香水能让我记住的，似乎只有柑橘和香草。香草在我皮肤上呈现一股奶油甜，如同奶油香草冰激凌，还好有柑橘类中和一下，才不至于腻。唉，其实那句话的本意，应该是说此香水没有占主导地位的香味吧。

香水的名字叫魅力，其实气质贤良淑德，没有高高在上的贵妇感，不太挑人。香水本身还可以，奈何类似的味道太多，面目模糊，闻着也就没那么特别，留不下多少印象。

贾克波巨果然和我气场八字都不和。

Antaeus 力度

我干吗买男香？因为我赞同香水无性别的观点。即便诸看官认定有性别，男装女穿实乃常事，君不见T台中性潮流当道，别有一番风味？就算部分女装男穿，那也是挺潮的啊。

男香的味道其实有局限性，大都是一些约定俗成的基本香料，一般也就在柑橘薰衣草鼠尾草雪松香根草檀木这堆里头打转。现在花样美男成为潮流，花花果果也开始增多起来。不过最常见的香料还是柑橘薰衣草，大多以清新为主；薄荷鼠尾草则增添清洁感；要想气质沉静，便会加重广藿香和香根草的比例，或檀木雪松之类的木香调，偶尔会加树脂橡苔；至于肉桂八角孜然这些生猛香料，当年在经典男香中常见，如今是男人香才会用的（现在还会有商家出男人香吗）。试想一下，从一个年轻的小清新花样美男身上飘来厚重香味，那是多么诡异的事情，有点不和谐啊。当然，只要年轻人内心强大，穿个男人香也是没问题的。

在闻够了柑橘罗勒鼠尾草之类草本小清新之后，我对下猛料的厚重男香却生了好感，哪怕他气势强劲到飞虫勿近。这款自然在列。

Antaeus，古希腊神话里的巨人，大地是他的力量来源。香味里倒是没什么土气，前调强势辛辣，带点茉莉的吲哚臭。中后调阳刚沉稳，是个温暖成熟的大男子，绝非娇俏花样小男生可比。不过那广告海报，怎么看都觉得这男人被房子车子孩子压得不堪重负的样子，可怜！

除了最新出的 Bleu，香家的男香都气定神完，有着强势的男人味，适用人群基本在三十岁以上，适合高管和成功男士（简称有钱中年男）居多，毕竟价格摆在那里。可话又说回来，质量也在那里摆着呢。

Cristalle 水晶恋

　　我闻过的香家女香其实不多，也就 5 号、19 号、Coco、Coco Mademoiselle、Coco Noir、Allure、绿邂逅，还有这款 Cristalle。绿邂逅是杂志送的试管，具体感觉不清晰了，只记得和 Coco Mademoiselle 一样，都是适合年轻女孩的。

　　相比起前面这几位，Cristalle 既不算新也不算老，EDT 在 1974 年由 Henri Robert 调制 ，EDP 则由贾克波巨于 1993 年调制，处于中青档位置。我手上是 EDP，香调构成风格和同时期的欢沁类似，两者出品时间相差不远，欢沁还迟了两年，可相比之下，后者的生命力要比 Cristalle 的 EDP 强劲太多。也不知是因为 EDP 和原 EDT 差别太大所致（其实 1974 年的 Cristalle 也并不成功），还是广告投入不够，或者纯粹看人品运气。不过市场这玩意儿，向来是捉摸不定的啊。

　　Cristalle 的 EDP 其实不比欢沁差，她的初调绿意盎然，很有力量和穿透感，中调是简单易"穿"的绿辣柑橘风信子，花香里透出些许果味，后调的树脂和淡淡木调比较舒服，远比 19 号温婉，如同脱离嫩绿开始转向深绿的叶子或仲春时节成熟期的树叶，论气质属于轻熟女——熟女这一档。

　　Chanel 家的女人香都有一种隐隐的气场在，请注意，是女人香，而不是少女香。当然，她家的少女香也是神完气足，尽管气场比父母辈逊色，可毕竟有股实家底撑腰，讲话也自信些。要说 Allure 偏甜，比较贤良，Cristalle 则偏绿，算是香家

里低调内敛的，可作为办公室用香。只是张扬度略欠缺，也有些时代烙印，年轻女孩恐怕不屑一顾。她本身和职场新人距离也尚远，适合有一段工作时间经验，办公室里的备用期中青年OL。

办公室用香应该是怎样的？高管完全可以不用讲究，小职员还是低调安分为上。虽然我私下里喜欢自由用香这个观点，但毕竟人不能只管自己，总还是要照顾他人。前面说过，香家诸女和办公室基本不搭，如真心喜欢Chanel的香水，又担心过于张扬，倒有一个窍门。就是减少用量，改喷为点按，把香水点按在用香部位，这样可以减弱香水的扩散度，就能自己享受而不打扰到旁人了。

◇ Chloé　克洛伊

Narcisse　自恋

　　卡尔老佛爷不是一般地喜欢香水，他深深认为，香水是服饰中不可缺少的一部分。原本 Chloé 并没有开香水线的想法，是由老佛爷接手之后一力促成的。

　　这并不是一款单纯的水仙花香水，比水仙花本身的香味要浓郁得多。EDT 的瓶盖挺漂亮，造型是一朵含苞欲放的水仙，里面喷头正好接近花蕊的颜色。Narcisse 的设计灵感，是那个顾影自怜，爱上自己水中倒影，化成水仙的自恋少年。细观卡尔老佛爷各种言行，我深感这香是他内心的真实写照。自恋吗？谁不自恋呢？又或者，这香折射出来的，其实是我自己的内心写照。

　　明代屠龙曾说："和香者，和其性也；品香，品自性也。自性立则命安，性命和则慧生，智慧生则九衢尘里任逍遥"。我觉得线香也好香水也罢，调香师呈现的作品，是他们那一瞬间的思绪闪现；而我们品的，其实是我们自身内心。我们经由这缥缈香气作为媒介，照见自身的本性，喜恶都是本性的体现。

◇ CK 凯文克莱

~ One 中性香水 ~

CK 的 One 是我所接触的第一款柑苔调和中性香水，那时候我还是个什么都不懂的香水小白，不知道香型不会看香调，更不用说辨别味道。现在回头来看，香柠檬、豆蔻、雪松、橡树苔，都是我现在喜欢的调子，原来我是打一开始就喜欢柑苔调的，是真心地喜欢，不是因为达人前辈们的鼓舞"煽"动。

怎么说呢，我差点就错过这款香水了。最初去柜台买香水的时候，我先在手上喷了 CK One，刚开始的头香有点冲，又因为柜台的小姑娘脸色越来越难看，我就买了回音赶紧逛商场去。

结果逛的过程中，我无意间举起手来嗅了嗅，居然闻到了清新中带点温暖的

中调，花香虽分辨不出，却不像常见女香的那种甜美，而是爽朗明快，帅气十足，让我很是喜欢，于是我又赶忙回去买了下来。其实 One 只能算是稀释了的柑苔调，整体感觉是柑橘之类的果香，夹杂着肉豆蔻、雪松和橡树苔这些带着点辛辣暖意的味道，amber 微熏，不过还好，还没有到让我晕到临界线。

这也是个年年出限量的抢钱货，限量还都是一百毫升的，目前为止出了十九款。我只在好奇心旺盛的初期收过一瓶电流版、黄瓜味，水兮兮，再无原版的风韵。本来我是会有机会用的，可不知怎地，我莫名其妙晕了水生调，一切水兮兮的香水我都倒胃口，还没用就失了宠，至今束之高阁。

不得不吐槽的是，某天一位同事到我办公室来，身上带着的香味很熟悉，我细辨之后激动地问："你也喜欢用 CK 的 One 香水？"她迷惑不解："什么啊，我刚去吹头发，喷了定型摩丝而已。"我已经没勇气问她用的是什么牌子的摩丝了……

◈ Coty 科蒂

◦ April Fields 四月之地 ◦

Coty 的创始人 Francois Coty，被称为"现代香水业之父"，听说首次提出把香水装到固定容器里标价出售的想法的人就是他。不过他刚开始把商品推荐给巴黎商家的时候，遭到了拒绝，然后也不知道是谁学的谁，和 1915 年世博会上中国打碎茅台酒的情节相似，他转身的时候刚好一瓶香水掉到地上打碎了，于是一切就顺理成章地改变了……（故意的，肯定是故意的！）听说打碎香水瓶故事的品牌有三个版本，不知道另外两个是什么牌子。不过这法子真的很管用，想当初，我也是这么中招的 \\(^o^)/

其实我想收的是 Coty 家 Vanilla Fields 铃兰之地，之所以收四月之地，一是因为铃兰之地缺货，二是我被瓶子与盒子上画的翠鸟戳中了腐败之心。唉，我的萌点好低……虽然有些退而求其次的心理，但并不影响我对这瓶香水的喜爱。

Coty 本身就是个大香水公司，香水的价格白菜到令人发指，我们或可从中估算出一款香水的直接成本。

April Fields，顾名思义，是属于四月属于春天的香水，整个味道很绿很春意盎然。刚开始是树叶草叶的清香，似乎还有天竺葵叶揉碎了的绿色腥气。接着铃兰花香飘出，似乎还有茉莉的青绿味道，玫瑰冒了个头，通篇中调是满满的绿叶点缀着小白花。这是有些辣感的绿色，让我想到了红楼梦里的"绿辣"二字，想到了被雨水冲洗干净，厚实鲜亮，泛着油蜡光的大片绿叶。这是春天的味道。

April Fields 里有一种雀跃感，就像是我们经过漫长的冬天，看到树木发出绿芽，看到草地变得嫩绿，看到桃树冒出花苞。那种感觉到春天来了的雀跃和欣喜。

真是适合春天，适合外出踏青的香水！唯一的遗憾，她是 EDC 古龙水，留香时间很短，最多两个小时。难道这意味着春天是很短暂的？美好是稍纵即逝的？！

L'Origan 牛至

不知是和许多天然香料被禁被替代有关，还是和配方被改动有关，我总觉得现在仍在出产的经典香，只能造出老香的形，抓不住也体现不出老香的魂。

经典，是各个年代所出产的浩如烟海的香水里，仅有且仅存的那几款，年代久远，就积少成多。开宗立派的老香，也许你现在闻着平平无奇，可在当时，Ta却开辟了一片新天地。而且即便是经典，其实际味道往往也不过如此。比如 Coty 家鼎鼎大名的 Chypre，我闻到过 20 世纪 80 年代出产的，感觉——真正是见面不如闻名。再比如 20 世纪 70 年代出产的迪奥小姐，动物香浓重，在我皮肤上散发出一股油餲味，很倒胃口。

很多经典是经不起回味的。如同 1983 版的射雕，可以保存在美好的记忆里，却经不起在电视台轮番播出轰炸。因为时代不同审美不同，人的口味也在时刻变化。总是怀念推崇老香，贬低新出的香水，这种行为，赤裸裸地指出——我已经老了——这个事实。

唉，往事不要再提。

◇ Crown Perfumery 皇冠

Tanglewood Bouquet

　　什么样的香水能称之为昂贵？其实从字面上来说，但凡超过八百块的我都觉得贵，这是网购后遗症，已经无药可救。为什么提这个？因为我对买了 Crown Perfumery 的厨子品牌[①] 很有怨念，这绝不是酸葡萄心理，最多可能有点仇富。我闻过厨子家的 1 号，那味道，相当对不起它的价格。不过想了想，有人喜欢买房子，有人喜欢把房子拎在手上，千金难买爷乐意嘛，我有什么立场在这里跳脚？仇富！这绝对是赤裸裸地仇富！

　　且休吐槽，说回正题。Crown Perfumery——皇冠，曾经是英国最重要的香水公司，品牌故事曲折，历史悠久。请听我慢慢道来。

　　Crown 公司成立于 1840 年的伦敦，创始人是在美国出生的 William Sparks Thomson，刚开始店里卖的是束腰胸衣和裙撑，维多利亚女王也是这家公司的座上宾，所以才有了皇冠的商标。因为那个时候贵妇穿束腰胸衣勒得太紧，以至于呼吸困难大脑缺氧常常晕倒，很有生意头脑而且是个天才药剂师的店主儿子 William Thomson 就想到了搭配生产销售嗅盐，推出了 Crown 家那时最出名最成功的薰衣草嗅盐，于是 Crown Perfumery 得以诞生。1872 年，Crown Perfumery 开始生产香水，大多出品单一香味，是混搭香水概念的先驱（Jo Malone 不过是拾人牙慧），到了 19 世纪末已有四十九款产品出口到世界各地。

---

①在此指收购了 Crown Perfumery 的 Clive Christian，为一个品牌。

可惜世事无常，盛者必衰，随着 Thomson 的去世和第一次世界大战的爆发，公司被卖给了 Lever Brothers，而新东家居然放着 Crown Perfumery 好好的香水生意不做改成生产美发用品，结果导致 1939 年关门大吉。后来 1993 年，Crown Perfumery 由 Thomson 家族的工业化学师 Barry Gibson 恢复开张，按照家族的配方，采用天然香料，重新出售二十七种单一香味的香水。然而好景不长，1999 年，万恶的英国富翁家具制造商 Clive Christian 收购了这个品牌，关闭了 Crown 的小店和生产线，抢了 Crown 的瓶子和品牌历史（不知道有没有抢配方），用到他自己的香水上去了。当然，他收购了这个牌子自然可以随便处置，可我心里仍旧不爽！我现在总算知道，为什么会打一开始就从心底里讨厌 Clive Christian 这个牌子，并不单纯只是因为价格，在我心里，它就是暴发户，还是个强盗！

　　现在的皇冠香水是由 Anglia Perfumery 生产延续的，唉，希望能被好好对待吧。

　　Tanglewood Bouquet 是 1932 年出品的老香水，这就意味着她的香味逃不出老香水定律——像花露水。前味稍稍刺了点，但不会有大石拍脑金花四溅的感觉，我觉得那是肉豆蔻之类的辛香料在起作用。味道甜美不甜腻，那是一大丛甜美的花，而不是甜腻的糖果。最后的基调我觉得是檀木，把鼻子凑上去细闻的话，感觉很像某些饭店洗手间里点的那种盘香。

　　Tanglewood 虽然味道稍嫌缺少变化，不过是我喜欢的调调。我很好奇他家最出名的 Marechale 90（黄蔷薇 90），不知何时才能品尝到了。

❖ Davidoff 大卫杜夫

◢ Echo 回声 ◣

　　这瓶也是我初期收的启蒙香之一，她味道简单，就是甜美加水生，但又不是掉进糖罐里那种齁甜。因为有水调加入，甜得蛮清爽，好像一块新鲜切开，甜美多汁的西瓜，简单易"穿"，也是不过脑子的少女香。你想怎么穿就怎么穿，除了毫无气场不能用在正式隆重场合，随时随地随便用，不必考虑季节衣服搭配，也不会打扰到别人，因为实在没什么存在感。

　　后来不知怎地，我忽然生理变异，晕了水生调，于是这瓶就只好割爱，另给她找了个新主人，送走了。

◈ Dior 迪奥

❧ Diorissimo 迪奥之韵 ❧

铃兰是 Dior 先生的幸运花，据说服装发布会时，他总是亲手为模特别上一枝铃兰。他还认为铃兰最能代表自己心目中女性的理想形象——纤细柔美，所以才推出了这款以铃兰为主的香水。20 世纪 50 年代淑女的确符合铃兰的形象，可现在的女性却越来越英气勃勃，以爷们儿自居，而男性倒是渐渐纤细柔美，以伪娘为傲了。

别看迪奥之韵香调复杂，其实香气比较单一，在试香纸上味道偏清冷，在皮肤上感觉暖和些。前调是铃兰和茉莉，有一点香柠檬的淡淡清苦，茉莉特有的青绿色气息很逼真，特有的吲哚臭味反而闻不到。这支香前半阕是铃兰唱主角，茉莉穿插其中，下半阕茉莉变为主角，铃兰渐渐湮没不见。

原本茉莉在我印象里，或是平易近人乖巧可亲，或性感透出些许肉欲，或馥郁雍容如夜之女王，这么冷静淡然的茉莉还真是少见。那是在初夏拂晓时分幽然开放的唯一一朵白色小花，嫩绿油亮绿叶为伴，带着夜里如水凉意，花瓣上的露珠在晨光中闪烁。整个味道冷静明亮，爽朗坚强，柔中带刚，落落大方，不经意间透出一丝矜持傲气。

说些题外话，铃兰其实没有天然香精，它的精油极不稳定且有毒，所以铃兰的香味都是合成的。我有一瓶年代久远的 EDC，和现今的 EDT 相比，醛香和动物香分量略重，虽然是 EDC，留香时间反而比现在的 EDT 稍胜一筹。

Dune 沙丘

迪奥的沙丘诞生于 20 世纪 90 年代初，是我最开始买的前十款香水之一，现在依然喜欢。甜柑橘花卉的味道，檀木树脂广藿香打底，前调微苦，amber 微熏，中调香料馥郁勃发，花团锦簇如牡丹绽放，尾调带着香草的奶油甜，依稀透出烟草香。

初识沙丘之名，以为这是款有着烈日、沙漠、热风、蒸汽和厚重香料，极富中东风味的香水。到手后才发现，阳光和沙子虽然存在，地理位置却发生了大幅度转移。由内陆换到了海滨，从无人荒野转到了休闲胜地，中东风情变成了都市休闲派。沙子雪白、阳光耀眼，海水湛蓝倒映着蓝天，海滩上漫步的比基尼女郎，腰间的纱巾在海风中飘扬，风情万种，绮丽瑰艳。

后来收的香水太多，用沙丘的机会寥寥。前些日子才想起她来，略感愧疚。也许是时间放久了，最初的爽朗柔和了许多，真的有种海滩细沙的绵软味道，里面夹杂的贝壳碎片早被捡走淘尽，不再硌脚。那种张扬也消失不见，牡丹成了芍药，晴天沙滩耀眼的白变成阴天温和的黄，低调收敛了许多。

前些时候和网友版聊，网友说，有人评价沙丘俗得像麻将室里的大妈，我脑中顿时冒出《功夫》里包租婆一头发卷身穿睡衣打麻将的形象，至今挥之不去。不过我私以为，包租婆和龅牙珍，其实都是美人来着。她们在身边随处可见，带着熟悉的烟火气，不是徒具皮囊的草包，不是触摸不到的空中楼阁，只可惜这种美，在现实里是无人欣赏的。

❧ Dior Homme 桀骜 ❧

　　这款男香的中文译名很好听，叫做桀骜，可味道却名不副实。精致柔美的鸢尾皮革，傲骨全无，和桀骜一点关系都没有，连零星张扬都不见，想必绝大部分只是音译而已。私以为，译者联想力丰富，刻薄点说，可惜这个好词了。其实人家原来的名字很简单，直译过来就叫迪奥男士，翻成中文居然变得这么酷。至于海报，我根本无法把它和香水本身联系到一起，香水本身气质和广告画面表达的信息严重不符……

　　据说桀骜的创新之处，在于首次在男香里使用鸢尾，味道自然不会是鸢尾块茎的生药片味，少了脂粉气。在我皮肤上基本是薰衣草和 amber 唱主角，当然还有一些奶油甜和鸢尾的粉感。虽有皮革却不厚重，轻巧易"穿"，如同一副刻着精美花纹的香熏皮手套，有点闷骚的小心思。

　　桀骜虽不如中文译名这么张扬，却也不像如今花样美男香这么婉约，像极了 Dior Homme 男装的风格，精致、优雅、温润、柔软，但起码这是位男人，即便感觉上性向不明，可好歹还是个 man，不是娘炮伪娘平胸受。说是男香，其实女性使用也很合适，毫无违和感。

　　一款香水销量好，加前缀后缀是常事，时至今日，他的衍生品已有八款之多，其他的没啥兴趣，只听说 Intense 版本的 EDP 更加闷骚，倒是想有机会见识见识。

Eau Sauvage 清新之水

柑橘和薰衣草，是男香里最常见的香料，在我看来，也是最难出彩的香料。因为常见常用，所以一不小心就会有雷同感，很容易被混淆遗忘。好比青菜豆腐，想要做成美味，最考究厨师的功夫。

男香里有着数不清的柑橘调，经典也有不少，清新之水便是其中之一。经典承受得住时间洗礼，代表着一个时代的风貌，唯一不好的地方，就是会有不少后进向他致敬。你若先闻到经典，Ta 会给你以惊喜，以后其他类似的味道都可以忽略不计；如你先闻过不少致敬之作才接触到经典，那就难免会产生审美疲劳，觉得并不出奇了。清新之水对我就是如此。

Dior 的清新之水，经典柑橘调的构成，搭配木质橡苔，还有香根草，后调里有轻微铁锈味，和橘绿的中后味有相似感，相比起来淡然一些，没太多粉感。他像件基本款白衬衫，也许并不突出，但是很舒服，而且你怎么穿怎么搭配都不会出错。除此之外还有啥可说的呢？好像没啥可说的。只能说，对不起，我太晚遇到你，类似的味道早就闻过太多，到如今已不觉还有什么新意，但这不是你的错。说得矫情点，有些"恨不相逢未嫁时"的遗憾。

❦ Miss Dior 迪奥小姐 ❧

首先声明，这里的 Miss Dior 指的是老迪奥小姐，不是现今层出不穷、灌满糖浆的那群甜心小姐。我其实很想问一下，Dior 是不是打算从此以后就让一个真我和一群小姐站柜台打天下了？少艾、青春，这么美好的词汇，难道用一个甜字就能概括了？打住，抱怨的话就说这些，品牌自身都不担心败光家底，我们又在操哪门子的心？！还是只说自己喜欢的香水吧。

老迪奥小姐对我来说意义重大，是她带领我提早向经典老香和重口界跨出了第一步，是她开阔了我的眼界，拓宽了我对于香水的接受度，让我少走了不少弯路。

她是二见钟情的美人，是我刚刚迷上香水时收来的，依稀记得购买顺序也是排在十名之内。那时候我还是个刚入门的小白小清新，见识浅薄，无知无畏，从未尝试过经典老香是什么味道，也不了解重口是个什么感觉，买她仅仅只是慕名而已。

那时候，我以为香水就是带香味的水，脑中关于香味的认知和范畴，也仅限于合成仿真的花果。迪奥小姐一开始就给我个下马威，我从不知道，香水还能是这个味道，也从不知道，原来茉莉是臭的，更加不知道，复合花香是个什么感觉。是她告诉我，香水并不仅仅只是花花果果，除此之外，还有树脂，还有木调，还有草本，还有动物和苔藓，还有更多奇妙的香料组合。

老迪奥小姐是 Dior 公开承认改过配方的，也是业界谴责过的一次失败的修改，据说以前的动物感更浓厚，底蕴更迷人。也许是先入为主，也许是口味使然，相比之下，我还是更喜欢改后的 Miss Dior 多些。有时候闻着老香忽发奇想，所谓的内涵和底蕴，会不会是我被重口熏习惯了之后的自我催眠？

❧ Poison 毒药 ❧

迪奥家的众毒一直名声赫赫，紫绿红白各有特色。说起来好笑，我刚开始迷上香水，在网上定购毒药的时候，还不知道 Poison 其实就是紫毒，看到照片里绿色的包装盒，还以为是绿毒，人人都有无知小白的时候啊。

后来看了相关介绍才明白，Tendre Poison 才是绿毒，Hypnotic Poison 是红毒，Pure Poison 则是白毒，2007 年年底 2008 年年初又出了一款 Midnight Poison 蓝毒，

Dior 真可谓是五毒俱全了。不过听说绿毒已停产，原因想必是不适合这个时代的口味了，可怜我还没闻到过呢，希望还能淘到旧货。

香友群里评价，说绿毒轻柔清新，红毒性感诱惑，白毒是女孩向女人的过渡，蓝毒像个文艺女青年，对于紫毒的评价则是冷艳二字。现在回想起来，我当初随随便便用紫毒还真是勇气可嘉，或许是因为无知才无畏吧。

紫毒前调是一股辛香加药香，似乎有拒人千里之外的势头，而在辛辣中又透着点果味的酸甜。中调黑莓的甜美加上肉桂，妖媚勾人中藏着致命尖锐，就像一个艳光四射的蛇蝎美女，眼神魅惑，活色生香。可却浑身长满倒刺，一旦碰上就被紧紧勾住，想逃也逃不了。若真要逃离，非得连皮带肉扯下一块，鲜血淋漓，痛彻心扉。

我以前觉得紫毒像黑色皮草围巾，初看似乎华贵不近人，围上了才能体会到她的柔软和温暖。现在我知道错了。紫毒其实是一件高级定制的貂皮大衣，大衣本身柔软温暖，版型裁剪面料一流，可那天杀的价钱却实在是让人肉痛崩溃啊！

有段时间用紫毒，不小心喷到了毛衣上，过了好多天再穿，上面还有淡淡余韵，闻起来淡雅甜美，倒钩和刺全都消失，仿佛花店里被去了刺，陈列在货架上待价而沽的玫瑰。不由感叹，无论多冷艳多媚惑多有文才的风华绝代，骨子里终究是个女人，一样渴望有人爱有人疼，有人重视她超过世界上的一切。等到青春不再年华老去，还是不得不收起身上的刺和冰，低眉顺眼，下嫁与人。即便是宣称世界上只有一个 Chanel 并且终身不嫁的 Coco，到头来也还是要当男人的情妇。

这情形，不是不让人伤感的啊。

❖ Diptyque

⮌ TAM DAO 檀道 ⮎

　　法国小众品牌，创立于 1961 年，店主有三人。原先是收集兼卖古董和各地旅游纪念品的，因为店里有两扇窗户，所以取名叫 Diptyque——这取名的方式真是太帅了！后来这家店慢慢发展到家居香氛、香熏蜡烛和香水上面。他家的香熏蜡烛比较出名，香水也品质不错，有几款挺好玩，比如孜然味的 L'Autre，不过我总觉得大多数香水相比之下更适合用作室内香氛。

　　檀道这个香，香圈里赞的人很多，都说是"寺庙、森林般的神秘东方木质香调，柔和性感，庄严肃穆"之类的味道。唉，果然个人的喜好差异，往往会天差地别。这款 Diptyqye 的 TAM DAO，说白了就是檀香扇的味道，对比正装的价钱，我还不如去买一把檀香扇，既便宜还可以扇风。

　　檀香分新山老山，产地不同气味不同，价钱也有很大区别。市面上的檀香线香，除去香精产物，绝大部分都是澳洲檀。记得去普陀时，外面兜售的都是人工香精合成的线香，香客不听"礼佛只需三炷香"的劝，硬是要点一大把，熏得我头晕脑胀。后来转到准备做法事的佛殿，飘来一阵馨香，让我心神一振，这才是好檀香啊，应该是老山料。

　　香水里出于成本考虑，自然不会放老山檀，不过卢丹氏的吊钟瓶迈索尔檀香除外，可惜这香停产了。唉，地球只有一个，环保总是要讲的嘛。印度老山檀线香，近闻本身偏酸涩木味，点燃后香气靡丽妖媚，远闻则有些甘甜，木香粉质，没什

么苦味药味。TAM DAO 则有点接近澳洲檀，香气发飘，靡丽有余，沉静不足。

　　每次闻到檀香那种香膻并列，既肃穆又靡丽张扬的气味，我脑子里就会出现"诱僧"这个词。

　　说句题外话，我喜欢寂静安详，树木苍苍，偶有诵经声混合幽幽檀香飘送的肃穆古刹，那才是真正的修行之所。

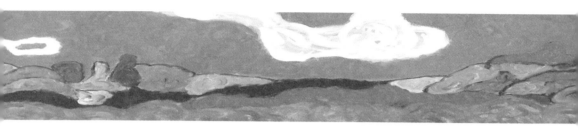

◈ Donna Karan 唐纳卡兰

∾ Gold 金唐纳卡兰 ∾

Donna Karan 不等于 DKNY，服装如此，香水线亦然。

这款 EDT，应该还是一朵百合吧，虽然味道不像潘家^①的那么准确，但还是能凭借香味感觉出百合的影像。刚开始喷出的味道，像极了某种口服液药物，酸甜微苦，淡然花香。后来不知怎的，忽然就冒出水调来，有一点水兮兮的瓜果感觉，夹杂在酸酸甜甜、类似酸梅汤的味道里，这是我最不喜欢的部分，为什么现在很多香水里都能闻到这种漂白粉味的水生调？

这朵百合悠然盛放，不疾不徐缓缓吐香，如秀丽端庄的轻熟女。是款简单易"穿"，安安静静的香水，如同服装里的基本款，质地裁剪优良，可以随便穿搭，没什么突兀之处。当然，这样也就不够出众不够醒目，就像平凡的你我他。

最佳职场用香之一，最适合那些小有成就但还未升职的预备役。

———————————————

①指的是 Penhaligon's，为香水品牌。本书中也有介绍。

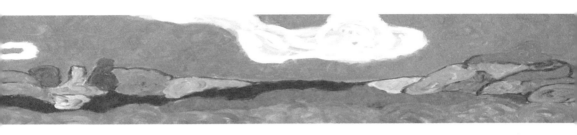

❖ D & G 杜嘉班纳

⮝ Light Blue 逸蓝 ⮟

　　盛夏的午后，阳光白晃晃地耀眼，地面热浪滚滚，远远看去，路上的事物线条扭曲，汽车如同行驶在水面上。正人人挥汗，忽而乌云飘至，天色开始阴暗，几阵风卷过后，数颗豆大的雨点落下。间隔些许时间，雨势骤然变大。然而天空中没有雷声，雨也只是短短一阵，还没下透，便雨止云收。地面虽已潮湿，热气却尚未除尽，雨云散去后，太阳很快冒出来，依旧耀眼夺目，晒着地上的雨，空气中水汽蒸腾，转眼汗流浃背，又闷又湿。

　　这款香给我的感觉就是如此。总体印象，第一个是淡！第二则是温吞水果淡香，前调勉强算清爽。而且留香时间太短，译名叫逸蓝还真合理，一两个小时就逃逸无踪了。

❖ Estee Lauder 雅诗兰黛

❧ Beautiful 美丽 ❧

Beautiful 曾经是婚礼推荐用香，香水海报也是婚礼现场的新娘照片，不过这是 1986 年的情况，现在的婚礼用香，是不是该换成 Marry Me 了呢？或者 Vera Wang？还有 Jo Malone 的红玫瑰？

Beautiful 的香调表让我惊讶，那可真不是一般的大方。别的复合花香香水，玫瑰茉莉依兰依兰铃兰晚香玉什么的意思意思也就差不多了，Beautiful 可是大把大把的花往里扔啊。花朵绽放，如同新娘手里的花束，馥郁芬芳，如同那个甜蜜日子里新娘的心情。刚开始还略有酸味，或许那是对即将步入婚姻的忐忑，后面就一路甜蜜到底了。如此幸福的日子，哪能不甜蜜？

这香的名字也取得好，美丽，直白而又贴题，婚礼上不正是女人最美丽的时候吗？

什么是美丽？这词和漂亮不同，漂亮单指外表，美丽内外兼容。漂亮是青春是先天是丽质天生父母遗传的恩赐，美丽是后天是再造时时间慢慢沉淀酝酿出来的琼浆。

White Linen 如风

如风，White Linen，又是一款有年代感的老经典。

香水界常常有几种挺让我窝火的抢钱现象，一是各种浓度全面包围，这个还可以忍受；二是每年一款的限量，这个我就当看不见，反正不过是换个花哨瓶子，加加减减味道而已；第三是各种五花八门的衍生品，一旦一款香成为经典，或者销量很好，后续就陆续有来，加前缀，加后缀，就连娇兰的 Shalimar 也不例外。我数了数，Shalimar 至今的衍生品，大概出了十多款。味道迥然也就罢了，就连香水本身的气质也完全南辕北辙，那干吗还要挂着前者的名字，不过是因为销量好，想再搭一路顺风车，这是典型的快消品做法，誓要榨干最后一点剩余价值，又或者，根本是品牌想不出其他好名字了？

同样，如风后面还出了好几款加前缀后缀的衍生品，什么纯净如风，清新纯净如风，目前好像还有追加的势头，可惜和如风没有半点关系，味道越来越单薄，性格越来越模糊。我一直认为，衍生品就像越冲越淡的绿茶，经不起多泡。俗话说事不过三，绿茶也是这样，冲过三次水以上就滋味全无了。

说了这许多，如风是什么味道？自然是出品那个年代老经典的味道。她是最好的玫瑰之一，当然不是现在的仿真型精油型玫瑰，是重口和老香迷喜爱的味道。

❧ Pleasures 欢沁 ❧

　　这是一款能让人心生愉悦的香水，能使人在阴暗雨天如见艳阳，真正的香如其名——Pleasures。

　　她的前调是新鲜青草味，像是刚使用过割草机的草坪气息，随后百合玫瑰等鲜花夹杂在青草枝叶清香中一起盛放。时间推移，花香草香慢慢淡去，后调变得柔和贴肤，闻起来像是刚洗过澡后，身上残留的淡淡皂味、沐浴露味，带点湿气，干净且舒适。

　　欢沁的味道很平易近人，就像一个生活甜蜜的普通小女人，大声向所有人宣布："我很开心！我很幸福！"这种幸福和欢喜不是虚无缥缈、高高在上的，而是我们可触摸到，并且生活在其中的。

　　这让我想起了一个电影画面。《精灵鼠小弟》里，里特太太绑着头巾，穿一件鲜花裙子，外罩珊瑚红线衫，脚上是同色的半高雨靴，在自己小小家的小小花园里采摘玫瑰。我喜欢这个画面，这是我的梦想家园。

　　这是一款任何场合都适用，让人开心的香水，虽然有人说她是街香，可这不是正好说明欢沁是一款好香水吗？对于香水，我的看法是喜欢就用，管她是不是街香，是不是名牌，过于关注品牌是否响亮，在用的人多不多、会不会撞香上，也许是另一种不自信的表现，反而少了使用香水的根本乐趣。

　　其实快乐是很简单的事，也许是看了一本好书，也许是见到了久违的明媚阳光，也许是听到了一首好歌，看了一场好电影，也许是——买到了一瓶好香水。

❖ Elizabeth Arden 伊丽莎白雅顿

5th avenue 第五大道

她是我真正的初恋，我实际意义上的第一支香。

事情起源于我姨妈送我的一瓶五毫升 Dior 真我 Q 香，和购物附送的雅顿第五大道香体乳。我在之前的三十来年一直没有使用香水的习惯，姨妈和我堂妹送的两瓶香水一直在卫生间的柜子里摆着没动过，我也从来不知道香水是这么有趣的东西。

有一天，老公拿沐浴露的时候不小心把放在下层的 Dior 真我打碎了，于是整个卫生间香了两天。那香味很醇厚，很直率，很爽朗，从此之后印象深刻，不过那时候我对香水还是兴趣不浓。

接着，我因为看了天涯的帖子，开始用雅顿的护肤品，12 月初开年报会的时候，去杭州雅顿专柜大败了一通，送了五件试用装，里面就有一款第五大道的香体乳，用了之后整个人都被芬芳温和的香气包围。这香气和真我又有明显的不同，真我是外放的，第五大道是内敛的；真我是爽朗妩媚的，第五大道是温暖优雅的；如果把真我比作摩登女郎，那第五大道就是白领 OL，我不禁好奇，怎么香水也是有个性的？

不同的香味，幻化出不同的风格，一下子就把我的爱香之火点燃了。

第五大道是经典的办公室用香，就像是基本款的套装裙，如果你正好灵感全失，不知道该穿什么衣服用什么香的时候，选她们准没错。她给我的总体印象是——温婉、娴静、正统的OL，不过稍显刻板，像是银行里款式统一的西装制服——我对银行制服真没偏见。

推荐刚入职场或是刚对香水感兴趣的妹子们作为入门香使用。

◈ Frederic Malle 斐德瑞克·马尔

Angeliques Sous la Pluie 雨后当归

　　大众还是小众，这是个问题。大众有大众的好处，小众有小众的优点。大众普遍简单易"穿"，虽不突出，却不会太过，小众则更容易有优越感，使用时会有种众人皆醉我独醒，仿佛鹤立鸡群的内心窃喜。

　　Frederic Malle，应该算是小众香里的翘楚了，这个标准不是指品牌知名度和产品推广度，而是指整体香水线的水准。FM 的香水，是请知名调香师自由创造的，不加任何限制，全凭自由发挥，所以，说他代表着法国香水界的最高标准也并不为过。他家可供述说的香水很多，这个牌子，是我唯一想都不用想，可以随便盲买的。

　　Angeliques Sous la Pluie 是 JCE 为 Frederic Malle 调制的其中一款，中文译名"雨后当归"。他的简约症仍旧沉重，恐怕是沉疴难返了。不过雨后当归的气质依然尚佳，淡淡的草木带着淡淡的苦味，在我身上还有一丝烟草香，是很文静淡雅的男人。总体印象，像是雨停之后，花园里空气清新但又带着朦胧水汽的感觉。

　　Frederic Malle 的香，大多层次感丰富，气质悠然，比起阿蒂仙的轻松闲适，FM 多了大气、沉稳和优雅。喜欢 Frederic Malle 的是因为他家香水做工精良，讨厌他家的，也正是因为这点。好比国画中的工笔画，我虽极喜欢工笔仕女，但有时候还是觉得过于工整细致匠气，远不如写意画灵动潇洒。

❖ Geoffrey Beene 杰弗里·比尼

～ Grey Flannel 灰色法兰绒 ～

1975 年诞生的男香——灰色法兰绒。刚开始是类似茉莉的淡臭和松香树脂类的气息，在我皮肤上依旧是树脂和草木类香料唱主角，有点粉，带着暖暖的浑厚温辛感，真的是香如其名。后味是淡淡的杏仁，微甜，居然有些类似婴儿皮肤的奶花香。

这是一款男人香，我觉得适用年龄起码要在三十三岁以上，不是小男生可以撑得起的。是啊，我又绕回到香水是有年龄限制这个阶段，而有些香水，对年龄的确有所要求，比如这款，比如很多经典老香。

他优雅、沉稳、有担当，成熟、顾家、尊重人，有着宽厚的胸怀和有力的肩膀。那张身穿灰色法兰绒西装，有着宽厚挺直背影的海报，就是这款香水气质的真实写照。

什么样的香水是优雅的？其实优雅的不是香水，而是"穿"Ta 的人。

◈ Gucci 古驰

∾ Envy 妒忌 ∾

妒忌(Envy)属于七宗罪之一的,其余是傲慢(Pride)、暴怒(Wrath)、懒惰(Sloth)、贪婪(Greed)、饕餮(Gluttony)以及淫欲(Lust)。这款香水名为妒忌Envy,以铃兰为主,紫罗兰为辅。她是支绿意盎然的铃兰,绿辣又温婉,有水果的水嫩,有些粉,还带着很轻微的辛感,像是某些叶面上毛茸茸的小刺。慢慢摸着时觉得柔顺,可要多用一分力,保不准手上就会多几条口子。

相比起迪奥之韵的清亮爽朗,Envy要低回柔美些,要女人味一些。铃兰的味道偏清冷,与人不够亲近,紫罗兰中和了一部分,加入了些许暖意,她的味道清新优雅,冷静独立,落落大方。像极了大都会的职业女性,温柔又坚强,自信又孤独,让你感到亲切温暖,但又有疏离感。

以前我觉得雅诗兰黛的香水适合都市职场"白骨精"使用,现在则有了新看法。相比起来,Gucci的香水才是白领骨干精英们适合使用的,雅诗兰黛倒是适合熟女以及家庭主妇或是一般的职场女性。我现在用过的Gucci香水,都有着从骨子里透出的现代知识女性的优越疏离感,就连清甜的亚洲粉红也不例外。雅诗兰黛与之相比,小女人了很多,实在是道行不够。

Envy出过多款海报,因为当时掌门Tom Ford的口味习惯,大多裸露身体,极尽挑逗之能事,唯独其中一张让我欣赏。海报里三位白西装美人相背而立,那眼神,分明就是职场间的钩心斗角,尔虞我诈,这才不负Envy之名。

❧ Gucci Eau de Parfum 古驰 I 号和 II 号 ❧

EDP I 和 II 是同时买的，都是五十毫升，我也不知道当时是发的哪门子疯，扛回两块玻璃大板砖，背得肩膀着实痛。不过看着里面的琥珀色和粉红色的液体，视觉效果也还蛮不错。小贝的香水也有和这个相似的瓶子，至于谁抄得谁我就不予置评了。

我偏爱柑苔调、东方调、木香调、复古花香调，还有带苦药味的重口香水，所以虽然 Gucci 的 Eau de Parfum I 和 II 我都买了，两者中还是喜欢 I 多一些。

　　Eau de Parfum I 是复古东方花香调，听说闻到的人分两个极端，要不就是非常喜欢，要不就是非常讨厌，我属于喜欢那一类。恰到好处的辛辣温暖中带着淡淡甜美，像一位自信、豪爽、特立独行、充满女人味、古典和现代气质交融的女性。一般来说，东方调的香水或热情或妩媚或性感，而这款 EDP I 热情妩媚性感都有一点，可都极有分寸，骨子里透出 Gucci 家标志性的冷静疏离，颇有老香风范。是个乍一看穿着复古，细节处暗藏自己小设计小心思的熟女。

　　Eau de Parfum II，中文译名亚洲粉红，由此可知针对的消费群体，这是 Gucci 公司专门为亚洲市场出品的。她和 EDP I 瓶子相同，颜色相异，味道完全是两码事，根本不搭界。香水本身可说的不多，味道也不复杂，清新花果调，少许辛，酸甜圆润微粉，安静淡雅，甚至有点冷漠。虽然两个 EDP 的香型是南辕北辙，但 Gucci 家香水特有的冷静独立和优越疏离感仍然存在，这是多么奇妙好玩的事啊！

　　EDP I 适合办公职场，EDP II 适合居家旅行休闲，就是五十毫升以上的不好带，虽然也有口袋装的，但是视觉效果又太差。要知道，香水是给日常生活提供乐趣的，欣赏好看的瓶子，也是乐趣之一。

　　贴吧里曾经有帖子讨论哪款香水瓶砸人痛，Gucci 这两款 EDP 的五十毫升、一百毫升瓶名列前茅，大家一致公认，实乃居家旅行之最佳杀人利器！

　　我当初到底是怎么把她们藏包里偷偷带回家的啊！

❖ Guerlain 娇兰

∾ Shalimar 一千零一夜 ∾

　　娇兰，娇兰。这是个多么值得细说的品牌，这也是个让人感觉无法下嘴的品牌，因为出的香水实在太多，经典也着实不少。她原本和 Caron 并驾齐驱，可说是法国香水界的绝代双骄，可惜如今 Caron 渐渐没落，娇兰越来越商业化了。

　　Shalimar，意为"爱的圣殿"，讲的是印度国王与美人之间的爱情故事，中文译名却来个乾坤大挪移，叫做"一千零一夜"，愣是移到阿拉伯去了。去年出了新包装，味道也作了修改。虽说圈里对改版评价还过得去，可每次有机会路过丝芙兰，我都刻意忽略。就怕发现原本的大嘴韵味美人，忽然跑去韩国整容改成樱桃小口回来，反而变得不伦不类。不如装作不见，免得闻了伤心。

　　EDT 从买来到现在，已经过去四个年头，如今我忽然想不到该怎么来描述她。以前形容得多浅显，什么花露水陈皮味爽身粉，哪有这么简单啊。花露水怎能涵盖那许多老香里形形色色的花香组合？我只能说，爱之圣殿，甜而苦，又张扬又隐忍，柔媚动人。由内至外的含蓄喜悦，像老式爱情的味道。虽然她必定也是暗中改了许多次版本，但基本骨架还在，还能凭此想象她以前的美好。

　　等有机会有闲钱，去 Eaby 秒杀个旧版香精吧。

Jicky 姬琪

　　一款香之所以经典，除了开宗立派，还要经得起时间的考验，比如 5 号，比如 Jicky。当然后者不如梦露睡衣这样经久不衰，如今娇兰普通专柜和丝芙兰也难觅踪迹。事实上，5 号这样的成功案例，可说是绝无仅有，不可复制，就此一家，别无分号。

　　Jicky 的成分并不复杂，占主导地位的是薰衣草、香草和柑橘。同样的常见原料，各家各款组合出不同的味道，有些载入香水史册，有些则被时间长河所淘汰淹没。就像同样的几个音符，有些组合能谱出世界名曲，有些却只能弹出变味的小调儿。

　　Jicky 诞生在 1889 年，是业界一代先驱，香水的金字塔结构就是从伊开始付诸实施。虽然年代久远，香水本身的先锋理念和味道，放在现在用依然不过时，而且男女通吃，我觉得可适用于各种场合，这才是真正的、永恒的经典。

L'Heure Bleue 蓝色时光

中文译名蓝色时光。

我这人有个毛病，无论是香水还是其他什么，喜欢的、一般的、过得去的，甚至讨厌的都会滔滔不绝，可一旦遇到自己钟爱的就口拙词穷，不知该怎么去描述形容，比如前些天所用"光阴的味道"，比如这两天的"蓝色时光"。虽然她是EDT，而且显然是改过版新出产没多久的，可我依然喜爱。理由？喜欢就是喜欢。

蓝色不只代表忧郁，也可以是宁静，可以是壮丽，如同广阔无垠的海洋，如同香格里拉湛蓝的天空，如同九寨沟碧蓝的海子，美得让人心醉乃至心碎。

蓝色时光，是闲暇的时光，是安宁的时光。在碧空如洗、暖阳融融的好天气里，坐在路边小咖啡店，悠闲地喝一杯咖啡，或在自家的小小阳台上，泡一壶玫瑰花茶，用碎花小碟盛几块精致糕点，晒着太阳慢慢品尝。

⚘ Mitsouko 蝴蝶夫人 ⚘

前些时候用过三款蝴蝶夫人的 EDT，一款是三十年前的，一款是十年前的，还有一款是 2011 年的，期间的差别，让我感受颇深。娇兰改配方，活像把聂小倩的饰演者从王祖贤变成了刘亦菲。

可是又能怎样？出品年代久远的经典老香，不可避免要修改配方。为成本，为成分，为时代变化的口味；偷偷地改，摆明了改，改得面目全非。不同年代出产的不同批香水，味道都有差别，时间间隔稍长的，区别大到不看名字会以为是两款不同的香水。

有时候想，既然 Ta 已经不符合时代潮流，还不如干脆停产，免得屈尊降贵苟延残喘，被贬下神坛尊严扫地。可是那时的风华和气质，却又让人狠不下心肠。又会忍不住想，就算留下个影子也好啊，就算留下个名字也好啊，就算只留下个瓶子，也足以让人对 Ta 曾经的辉煌浮想联翩。

埋怨归埋怨，我却不得不承认，改过的蝴蝶夫人 EDT 其实并不算差，相比起三十年前，如今的味道好"穿"很多。温润明丽的水果，苔香底也不浓厚滞重，淡然低调贴肤，日常使用无压力，比那些浮躁的新香又多了底蕴，让我这个不喜欢果香型香水的人也心生爱意。即便蝴蝶夫人被改成了蝴蝶小妹，午夜飞行被改成了白昼步行，也足以甩那些甜腻新香好几条街。

　　美人迟暮，英雄末路。无可奈何花落去，再次盛开却不是那同样的一朵。唉，再见了，蝴蝶夫人，再见了，那些风华绝代的经典老香。

～ Samsara 圣莎拉轮回 ～

就香水而言，喜欢和适合，有时候完全是两码事。自己喜欢的和适合自己的，往往非常两难，通常是自己喜欢的不一定适合自己，适合自己的不一定自己喜欢，别人认为和你很相配的，自己又嗤之以鼻。

在谈论喜欢和适合之前，不如先说说用香水是取悦别人还是取悦自己吧。我想，用香水的人里，两种目的都会存在，恐怕第一种还要多些，这就又扯出香水是日用品还是艺术品的话题之争。其实对取悦别人的人来说，香水就是日用品，对取悦自己的人来说，香水就是艺术品。于是这问题忽然简单了，把香水当成日用品的，用适合自己的、别人觉得符合自己形象的就行。把香水当成艺术品的，让我们花心博爱吧！即便那香水不适合自己，我们也能像看电影听音乐一样，好好欣赏。

Samsara 就是一款我喜欢但明知自己不适合的香水，她太活泼外向，太热情奔放，就像外包装瓶子的红色，明媚、艳丽。如同身着大红舞衣的弗拉明戈女郎，也似披着金丝绣花红纱丽的印度舞娘，和我本人如同山村教师的形象完全不搭。可我心里是羡慕那些活泼外向的人，向往着这种火一般热情的，所以还是忍不住将这位美人收归麾下。虽然 Samsara 不适合平时"穿着"，但不妨碍我闲暇时候恣情欣赏。

喜欢和适合，其实也并不相悖。

∽ Vol de Nuit 午夜飞行 ∽

午夜飞行是我还没掉进香坑前就久闻大名，熟知度仅次于香家5号的香水。之所以印象特别深刻，一是因为小说里但凡知性独特女子，用的大都是午夜飞行，二是因为她帅气独特的译名，以至于那些角色都忘了，唯独这个名字留在脑海里。

虽然那时我不迷言情只为消遣，但看到午夜飞行的次数多了，字里行间又描述得那么美好，还是会忍不住好奇，到底是怎样的香水，才能配上书里的奇女子。说来也奇怪，同是娇兰家的香水，为什么作者不提 Shalimar，不提 Samsara，在我有限的言情阅读记忆里，似乎连蓝色时光和蝴蝶夫人都很少出现，唯独午夜飞行频频出场？她到底是怎样的味道，究竟有何魅力？

然而对于大多数没用过香水的言情书迷来说，午夜飞行和 Joy 一样，是属于见面不如闻名的类型。只凭书中的形象来勾勒想象香水的味道基本不靠谱，想象虽是美好的，现实却难免残酷。美好的事物，只适合存在于想象中，小说里的绝世美人香香公主，在现实中根本找不到合适的演员来饰演。

午夜飞行深厚、沉稳、凛冽，如同蔡琴的老歌，声音发自丹田，有磁性，有穿透力，少了点清新可人，也绝不是很多人所推崇的若有若无的幽香。好香水应该是复杂的，如同女人，她最好不要被人一眼看透。即便简单，也要简单得有内容。有内容才会让人产生阅读的欲望，才能读你千遍也不厌倦。一张白纸，连瞟一眼都嫌多。

❖ Hermès 爱马仕

Un Jardin en Mediterranee 地中海花园
Un Jardin sur le Nil 尼罗河花园

　　爱马仕，做马具起家，一百七十多年历史，奢侈品界翘楚之一。不能免俗，他家的 Kelly 包和铂金包曾经也排在我的梦想名单里。之所以说曾经，是因为我克服不了把一个卫生间或是一辆 QQ 汽车背在身上的心理压力。老实说，我对于他家卖铂金包起步价七万人民币，预定还要等上一年，而且还是有很多人排队抢着去送钱的现象深感匪夷所思和叹为观止。铂金包渴望不可及；丝巾好看却觉得肉痛——我心底里更喜欢国产的手绘桑蚕丝丝巾，比如某丝绘、某祥斋之类；瓷器更是不舍得——摆着看感觉浪费，端在手里喝茶又觉得心慌，总之一个字，累。算来算去，我唯一买得起的，恐怕只有香水，其实这也是高端奢侈品牌勾引低端市场的一个手段——好歹我也为奢侈时尚产业搬砖加瓦了。

爱马仕的香水我觉得品质不错，对消费者比较负责，虽然也时常会出限量抢钱——比如橘彩星光和福宝大道24号，但至少目前为止，推出新香还是态度认真的。不像现在很多商业品牌那样，设计个花哨瓶子，然后把几种最常用的花草水果加上蜜糖搅和在一起，强推给我们敷衍了事。高端 Hermessence 系列抢钱，也抢得比较有诚意。衷心希望爱家能够守住底线，切勿自毁招牌。

听说只有他家和香家是拥有专属调香师的，现任御鼻 JCE，全名 Jean Calude Ellena，擅长柑橘调，归属简约派，当然，也有人说他是偷懒门的。我曾经是他的超级忠心粉丝，虽然现在进入了审美疲劳倦怠期，但也是因为爱之深责之切。而且，他是我记住的第一个调香师。

爱马仕的香水在国内香水爱好者里颇有口碑，地位和高端小众香不相上下，JCE 调的几款也确实很适合中国人使用，实乃小资男女文青之最爱。

爱马仕有一个花园系列，目前出到第四款，第五款在孕育中，都是中性香水。地中海花园是第一款，熟悉的橘子味凉茶，舒服，妥帖，清淡苦味里还隐约透出一丝清爽柑橘甜，苦得轻透，不沉重。相比之下，第二款尼罗河花园里，柑橘成分和酸甜比例增大，苦味减淡，前者相对中性，后者女性化更强一点。

打个比方，尼罗河花园是穿着亚麻白长裙林中漫步的文艺女文青，地中海也是穿亚麻的森系小资，只不过区别在于，亚麻长裙变成了亚麻长裤，穿着者的性别可男可女。再打个通俗点的比方，尼罗河花园是椪柑，地中海花园是瓯柑，椪柑甜，瓯柑甜中带苦，吃过的人自然明了，没吃过的，欢迎来丽水品尝啊。

24 Faubourg 福宝大道 24 号

这支香水盒子上的译名是福宝大道 24 号，而另一个名字则是法布街 24 号，这两个译名给人的感觉完全不同。单从字面上来看，福宝大道 24 号显得很中国很喜庆很随和，而法布街 24 号就变得很小资很浪漫很文艺。据说还有个译名叫相遇法布街 24 号，那就变成一个爱情故事了，想想中国文字真是奇妙无穷。虽然这名字的本意其实很简单，就是爱家总店的地址门牌号，这么一解释，当真无趣。

迷恋香水初期，我对这款香水慕名已久，很渴望能一睹芳容。那会儿我还不知道草莓网，也不会在淘宝网淘宝，只知道找专柜还有 SASA。可爱马仕的香水 SASA 官网上没有，而所在地的香水专柜级别不够，欲购无门。恰逢老公出差，我就列了一张名单给他，几番电话联系才终于拿到手。

值得庆幸的是，这次盲买很成功，我喜欢这款香水，真的很喜欢，不是装小资，也不是因为这是老公带给我的，再三强调，是真的喜欢！

24 Faubourg 有性格，温暖且女人，虽然花香馥郁，但她的味道却让人有低调内敛的感觉；虽说低调，但骨子里透着傲人的自信；不算强势，温柔处却绵里藏针。既温柔感性又独立自爱有风骨，很投我的脾胃。

记得某个香水促销广告里有一句话，大意是，想成为怎样的女人就喷怎样的香水，我这里却要唱个反调。香水不是魔药，Ta 只是你穿着打扮的最后一道工序，甚至还不如化妆重要。这道工序可有可无，或许能间接影响你的情绪，但无助于改变你个人。你该是什么样就是什么样，喷上香水也不会变身。

我也曾看到过有人说不敢"穿"24 Faubourg，认为有姿色有内涵的成功女性才配得上她。怎样才是有姿色？什么是内涵？如何才算成功？这只是客观世界的评价，而且标准在各个时代都有不同，人是为自己活着的，何必为了别人的目光削足适履。至于敢不敢"穿"，唉，闻个味道而已，无所谓敢不敢。我一直认为，"穿"香水好比听歌看书看电影，做这些事难道还要胆量吗？除非那歌难听得如魔音穿脑，那书的文字狗屁不通，那电影垃圾到让人发指。就算是高级定制，只要品牌肯赞助，哪还有不敢穿的道理？最多只是撑不撑得起，能不能穿出衣服本身的味道，适不适合的问题而已，与胆量无关。

Eau des Merveilles 橘彩星光

橘彩星光，爱家赫赫有名的橘彩星光，和 24 Faubourg 一样，也是年年出限量抢钱的货。橘彩，谐音聚财，这名字真好，喜庆，好彩头！看着网页上七八个只是瓶子花纹有区别的限量，深有名副其实之感。

销量不错，味道如何呢？里面没有明显的花香成分，我记得这是调香师刻意为之。在女香里不用花香，是一种创新，刻意提出这点是广告策略，大概击中了不少女汉子的爷们儿心。木本有点，amber 还好，分量刚刚适当，没让我晕，只是增加了熏感。柑橘和胡椒比较鲜明，有些像 Kelly，不过少了花香，多了温暖辛味和湿气，也有点类似宝格丽的白茶，却稍硬朗。闻过几次，总觉得里面缺点什么。似乎少了核心部分，就好比汉堡包没有肉饼，酒心巧克力没有酒，可口可乐没气泡，奥利奥没有夹心奶油。我果然是个吃货来着 O(∩ _ ∩)O ~

总之，缺了画龙点睛那一笔。

JCE 调过一款 EDP，看成分有焦糖，虽说我不迷美食调——因为光闻着不如吃到嘴里香甜，可还是蛮感兴趣的。

Kelly Caleche 凯利马车

Kelly Caleche，小资女文青必备香之一，和 Caleche 完全无关，我至今不明白她扯上成功前辈是什么目的，希望借东风帮衬么？

粉色调的香水，味道自然不会重口，胡椒只是类似紧身皮裤的情趣点缀，给花香果香提点精神，免得软成一团。

以前小马车的鞭子是淑女手里拿着驾马车用的，Kelly 的长鞭子扛在肩上，还不知道是怎么个意思，或许只是纯装饰用。如同广告画上有着捆绑象征的缎带，只是意思意思，打个 SM 的擦边球。外表是狂野的，内在是柔软的，就像徐志摩诗中所写，牧羊女的鞭子轻轻打在绵羊身上，不痛不痒。

果然 Jean Calude Ellena 才是文艺青年的神，骨子里就带着文青之魂，调出来的香水可说是款款击中 13 党和我这个 12.5 党人的心。何谓 12.5？所谓装十三而不可得是也。

凡有新晋香迷或者求推荐香水，要求是清新独特干净气质之类的，推荐爱马仕的 JCE 作品基本不会错，推荐 Kelly Caleche 则肯定不会错。

❧ Terre d'Hermes 大地 ❧

Terre d'Hermes，中文译名大地，据说是爱家最早面向市场的男香。为何是据说？因为在这之前，他家起码已有三款男香，这让我很是疑惑，不知听来的消息是否有误。莫非那些香水都像他们家的包一样，都采用饥渴销售法限量供应，所以不能算是面向市场？还是说我听错了，这是爱家第一款大获成功的市场男香？

大地虽说是市场香，可骨子里爱家的气质还是强烈得很，也因此很得正牌13党以及我这种努力向13党靠近之辈的欢心。说起大地的广告语："This is for the man who has his feet firmly on the ground, but his head is in the stars"，翻译成中文："用Terre的男人，脚下是坚实的大地，发间是闪烁的星辰"。够13吧，非常13呢！

试问世间怎样的男子当得起这几句广告词？有吗？没有吗？有吗？没有吗？有吗？没有吗？哎呀！大家只是探讨一下，何必这么认真呢？有吗？

广告词极具煽动性，味道其实也没那么神奇。大地并不厚重，倒是可以归纳到小清新一类。他以木调为主，虽然简单，却给人以踏实感。刚开始就是葡萄柚加上广藿香和木调，到了中味就只留下苦苦的、带中药味的大木头了。这里的木调偏干燥，一点水分都没有，就像是木头被锯开时的气味，不过是用来造家具的木材，而不是长在林中有生命的树木。要说是大地，那只能是被太阳晒得龟裂，只留下枯木的大地。直到后味才冒出些许湿润感，有点土地的意味出来。

Eau D'Orange Verte 橘绿清泉

Eau D'Orange Verte，橘绿清泉 EDT 版，前调就是新鲜橘子皮被剥开时的味道，而且是绿绿的、皮比较厚的酸橘子，似乎还能感觉到果皮里黄绿色汁液"刺"的一声飞溅出来，沾了满手。到了中调，像是雨后鲜绿鲜绿的橘子叶的气味，有点类似安霓古特的橙花，不过没那么女性化。柑橘味比较明显，橙花的味道夹在广藿香和雪松中间，隐隐约约。尾调舒服迷人，柑橘味与广藿香和雪松为伴，略带清凉粉感和淡淡皂香，都是我喜欢的味道，让人觉得温暖、踏实和沉稳。

记得小时候，舅舅承包了一个大橘园，每当早橘成熟时节，我们一群表弟妹就会跑去报到。美其名曰帮忙采摘，其实小孩子哪来的心思和精力，主要目的当然是去玩耍和吃橘子的。手拿剪刀爬上梯子，努力摘了一些早橘后，就到了品尝时间，我们都会现摘现吃。早橘的橘皮偏厚，味道偏酸，表面疙疙瘩瘩，呈深绿色，阳光照到的会转黄，有些长得好的，表皮会泛油蜡亮光。皮里的汁液远比迟橘丰富，最多剥上两个，手指和指甲就被染成黄绿色了。

后来橘园的承包期结束，一年一度的秋季狂欢也就此取消，我们遗憾了好一阵子。我现在仍记得橘园里的芬芳，树与树之间夹种的毛豆，草丛里飞舞的秋蚱蜢，如今回想起来，颇为怀念。

≈ Osmanthe YUNNAN 云南桂花 ≈

云南桂花是爱马仕 Hermessence 珍藏系列里的一款，美其名曰珍藏系列，言下之意就是商业品牌的高端小众系列，和香家的 Les 系列一样，只在品牌门店销售，香水化妆品柜台是寻不到他们身影的。分量规格也少，基本一百毫升起跑，爱家倒还有四个十五毫升一盒装的便携款，香家直接就二百毫升——好消息，现在有七十五毫升装的了。现在各商业一线品牌都出了高端小众系列香水，和沉香、Noir 一样，形成了一股风潮。是啊，小众容易讨好顾客的虚荣心理，至于小众是否真的好，是否物有所值，那就见仁见智了。试过几个大牌的多款高端系列香之后，我不禁怀疑，这根本就是一种新型的抢钱高招。感觉那几支所谓高端沙龙香，非常有室内香氛的气质，和 Jo Malone 一样坑爹。

爱马仕的 Hermessence 珍藏系列起始于 2004 年，他家和香家的 Les Exclusifs 应该是商业品牌高端小众系列的先驱。我用过其中几款，也许是因为本人好重口，喜欢大起大落的戏剧风，总觉得这系列有些中庸，没有惊艳的感觉。闻了之后的想法仅仅是："哦，是这样的"，而不是 "哇！我要收大瓶的"。看来我真是对 JCE 审美疲劳了。

说说云南桂花吧。

桂花的香气我最熟悉也很喜欢。就职的公司楼下就有几棵四季桂，只要天气冷热骤变，桂花就会盛开，花香四溢，随风吹送，我恨不得搬到树下办公。香水里用桂花当主角的非常少，在我印象中，似乎在五款上下。国内有一款金芭蕾桂花香水，听说非常形象，而且价格极其白菜，有机会要找来好好鉴赏。

Osmanthe YUNNAN 给人感觉似是而非，没有真实桂花那样甜美醉人，偏干净清冷，闻起来像是"秋月映照下，桂花两三枝"，而不是一片桂花林散发出的馥郁芬芳。意境倒是很好，却够雅不够"俗"。这里的"俗"不是贬义，取通俗之意，是说桂花容易让人亲近，近到可以作盘中餐，是一种雅俗共赏的花。

然而调香师调制香水，并不是自然界香味的简单复制，所以，像与不像其实并不重要，只要意境够就好。大概 JCE 想表现出的桂花就是这种脱俗淡雅，"桂子月中落，天香云外飘"的感觉，这一点我完全能够接受。可惜个体化学差异作怪，凡是香水里的桂花成分，在我身上就会散发出一种花朵凋谢之后干枯腐败的气息，可偏偏在表妹身上就清清爽爽，毫无异味怪味。所以，用过几次之后，我对云南桂花彻底死心，现在她已成为我表妹的新宠。

其实我们古人早就用桂花加工成焚香制品了。孟晖老师的《南宋拾贝》里说，宋人文献里便记载了三四种木樨香的做法。其中之一：将半开的桂花摘下，再把冬青树子捣裂绞出汁液，与鲜桂花拌在一起，密封在罐里放入蒸锅，在灶上蒸一回，然后晾干，密封保存。用时取出一把，直接放在香炉的隔火片上焚蒸。还可把窨过的桂花捣烂，做成小香饼。她觉得最有诗意的做法是："趁桂花才开放三四分的时候，将花摘下，用熟蜜拌润，密封在瓷罐中，深埋入地下，进行一个月的'窨香'程序。焚香之时，就把一朵朵窨过的桂花放在香炉中的银隔火板上，随着炭火悄熏，桂花一边吐香一边慢慢打开，待到花朵完全开放，也就是其花香散尽之时。"

古人远比我们风雅小资，那些期望穿越回去用香水征服古代时尚界的妹子们，你们还是虚心点，修炼好了再出发吧。

❖ Lancôme 兰蔻

❧ Poeme 诗意 ❧

兰蔻这个牌子，在国内被我们熟知是因为护肤品，其实人家最初是靠香水起家的，后来香水和化妆护肤品双管齐下齐发展，两手抓两手都硬。兰蔻的香水也是经典很多，Poeme 是其中之一，中文译名诗意，也有叫诗情爱意。我觉得这名字很贴切，的确每瓶香水都可以看做一首诗，有冗长，有简短，有乐府，有绝句，有雅颂，也有艳词。当然，不可避免也会出现打油诗和梨花体。

Poeme 是线性香水，并非常见的金字塔结构，占主导地位的是小苍兰，脆甜水嫩，如同酸甜多汁的荔枝。随着时间推移，新鲜水果被摘下做成糖水罐头，虽说甜美依旧，但吃多了难免会有点腻。到后来，水果罐头变成了荔枝糖，甜香果香仍在，可那份水润已消失无踪。

不知怎地，我竟由此忽然想起杨玉环来，奇怪。

Miracle 奇迹

　　用香者嘴里有一个名词——街香，即差不多满大街都用的香。这个词让很多人痛恨，如避瘟疫般避之不及。不喜欢街香的原因，大概是人人心底深处都渴望自己独一无二，不屑与大众雷同，怕撞香。可我认为撞香和撞衫不同，先不说个体化学差异，使得同一款香水在不同人身上常常会有不同的面貌。即便那香水受众满大街都是，普罗大众也都不具备专业级别的鼻子，能辨别散发出来的香水是哪一款。至少我不能。

Miracle，就是著名街香之一。

我觉得，一款香水之所以会成为街香，除了我们内地的香水品种太少，品牌的广告轰炸，其本身肯定是有过人之处的。虽然 Miracle 的畅销和流行看起来人为的成分居多，不过能在内地接受度这么高还是蛮奇迹的。一款香水畅不畅销其实很容易判断，只要看有多少衍生品和限量就能知晓。

Miracle 的前调是清新花果香，其中带着淡淡辛辣，荔枝、姜和胡椒的味道比较突出。花香比重不大，和果香及辛香三足鼎立，相互平衡，都能在皮肤这个舞台上尽情展示，谁都有份，谁都不得罪。整支香感觉清新活泼有之，甜美可人有之，辛辣个性有之，气质温婉有之，各类女性一网打尽，雨露均沾，总有一款分支性格适合你。继浪凡的谣言之后，又添了一款万金油，不过因为香料熏感略重，让我有点晕的缘故，所以还是偏爱谣言多一点。

怎么说呢，算不上多喜欢也算不上不喜欢，多她不多，少她不少，收不收都无所谓。不过能把味道平衡到这种程度，也是相当有才的，不服不行。

Tresor 璀璨

璀璨，1990年出品，以玫瑰为骨，用水果麝香等香料做血肉，加了水果也显得温和，没有活泼到轻浮。她也是一朵迷人的玫瑰，花朵娇艳却带着刺，坚强而不强势。她的香味给了我这样的感觉，玫瑰的刺不是伤人所用，而是提醒他人要珍惜，切勿随意采摘的。璀璨还有一个译名叫珍宝，这个名字我觉得也极好。什么是珍宝？是钻石还是黄金？方外之物毫无生命，怎能给人力量？强大的内心才是真正的珍宝。

她不适合我，但我欣赏她。就像很多漂亮衣裳，我虽然穿不出她们本身的味道，可我还是喜欢那件衣服的美丽，喜欢设计师倾注其上的心血。女人时常会有这种冲动，看到一件极爱的衣服，明明知道不适合自己，也穿不了，但还是心心念念想着，想买回来挂在衣橱里，就算看着也觉心安。

至于 Tresor In Love、Tresor Midnight Rose……blahblah 加一堆后缀，瓶子和颜色都乾坤大挪移的粉嫩新人，对不起，我不认识她们。

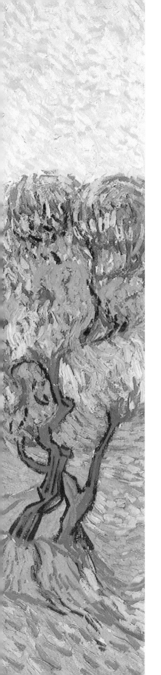

◈ Lanvin 浪凡

∼ Arpège 芭音 ∼

在说 Arpège——芭音之前，我们来辨一下香水的保质期。

过期和变质，那是两种概念。Luca Turin 说，香水没什么所谓的保质期，只需避光、阴凉、干燥、通风，放回原包装盒，没盒子的自己找一个，收进柜子里，不要脱光了放化妆台，不要放浴室卫生间，绝对避免阳光照射，就可以存放二百年以上。这个说法虽然难免夸张，却是实情。年代久远的香水，前调会挥发，有些不稳定的香料也会分解流失，但只要保存得当，Ta 不会变质。

如果你家的香水过了盒子上写的保质期，但是没有变酸有异味，没关系，继续用下去，不要用来喷厕所房间，虽然专柜会很欢迎你这么做。那个保质期三年至五年，据说是欧盟的硬性规定，我们和国际接轨有样学样。因为化妆品的期限是三年至五年，而香水归属于化妆品类，所以，香水的保质期就此诞生。

香水收藏里有一个词叫 Vintage，顾名思义就是旧货，我喜欢称其陈年老香，就是上了年头的香水，有些都成酱油色了，保存得当的话，味道依旧美好。我在 Eaby 上、一些二手香水网站上、淘过六十年前的香水、三十年前的香水，这一点毋庸置疑。

现在香水里化学合成的香料越来越多，天然香料越来越少，而天然香料和化学合成香料与人体皮肤的结合，是完全不同的。还有就是香水的改版问题。时代在进步，历史悠久的香水，不可避免会遇到改版，鼎鼎大名的 5 号，也是改版了无数遍的，而 Vintage 能让人体验改版前的味道，能让你看到香水的本来面貌。

当然 Vintage——旧货——不是古董，在有些人眼里是宝贝，在有些人眼里就一文不值。陈年老香也是这样。并不是说陈年的香水就是好的、值得买和收藏的，有时候你收到手会发现，其实也不过如此。现在出的新香水，有精华（当然很少），也有糟粕（很多很多），这个定律，放在 Vintage 里一样适用。

为什么说这些，因为我喜欢的是老版芭音，是六十年前的 Vintage 香精，她是我的最爱，没有之一。既然她是我的唯一，不长篇大论一番怎能表达我对她的爱？可我这个人，一遇上喜欢的东西就词穷得厉害，搜肠刮肚也掏不出几句话来。

有的香让你备感亲切，有的香让你心生距离，有的香让你心情舒畅，有的香让你勇气倍增。有的香与你情投意合，闻了就觉得这便是你自己的味道；也有的使你心怀羡慕，描述的是你梦想中的性格和人生。老芭音于我，就是属于情投意合，一见倾心一类。

用过老版的芭音之后，我能深刻理解 LT[①]为什么会给改版过的打四星。新版不是不好，可是相比老版，我总觉得她丢失了最核心的部分。少了那种含蓄，变得直白，徒留一个空壳在。六十年前的芭音香精，像极了她的名，从涂上皮肤的那一刻起，各式花香交替出现，分分钟都在变化。她不高调，不张扬，温和婉约，

---

① Luca Turin 的简写，后同。

极具包容，只是将沁人馨香娓娓道来，如同指下琴弦奏出的音符，畅如流水，宛若天籁。

　　那段时间，我频频在 Eaby 上收集芭音的 Vintage 香精，唯恐用完以后就再也难寻。虽说论知名度和畅销程度，我不得不承认，她比不上 5 号，但她就是我的唯一，是我的 The One。

❧ Eclat d' Arpège 光韵 ❧

中文译名光韵。虽说名称里有 Arpège，但是光韵的味道和芭音根本一点相似之处都没有，风格个性也完全是南辕北辙。我感觉 Arpège 是知性有阅历的坚强女子，而光韵则是温婉娴静的柔和小女人。说句损点的话，芭音和光韵的区别和距离，就像大小姐和陪嫁丫头。

光韵是花果香调，很清新，很适合亚洲人，也很清淡，我用的话，起码要喷十二下。前味是些许刺激的绿叶味道，等那一阵过去，香味马上温和起来，有点甜美的果香，非常婉约，非常小家碧玉，没有一点侵略性，不带一丝尖利，闻起来柔软温润，就像鼻腔里塞了一团棉花。这个温婉小女人，似乎无论什么样的伤害，她都能默默承受。仔细想想，或许柔到了极处反而是一种刚强，可我不喜欢这样。我还是喜欢芭音的刚柔并济，Envy 的绵里藏针，即便是什么都沾一点的谣言，也比这温吞水似的光韵更讨我欢心。

叫光韵倒是比较贴切，要是喷得少了，那味道消散的速度，都快赶上光速了。

113

❦ Rumeur 谣言 ❦

　　浪凡的谣言其实有两款，一新一旧，时间相隔七十多年，现在的谣言是顶了老谣言的名字，两者同名不同味。

新谣言前味比较高调，是那种能让人记住的味道，不会面目模糊。中味是甜美的花香，如果这支香水里没有广藿香，感觉就比较轻飘，比较普通了。但由于广藿香的加入，使得甜美的花香变得沉稳温厚，变得内敛一些，变得有些分量有些内涵有些底蕴起来。

　　我觉得这个谣言很狡猾，她味道中庸，有点甜美，有点雅致，有点温柔，有点个性，有点矜持，有点奔放，有点纤细，有点稳重……啥都有一点，啥都不突出，哪里都不完全沾边，像万金油一样。这女子，进入社会已经有些时候，有工作经验却还没被磨成鹅卵石，想尝试八面玲珑却还是不小心露了锋芒。我喜欢她的竭力周全，但又隐隐讨厌她的工于心计。

　　至于老谣言，和新谣言一点关系都没有，无论外在还是内涵。

　　老香改版或旧香新出，其实是件吃力不讨好的事，改好了是应该的，改得不好，骂名就滚滚而来。就像几百年历史的老房子被人买下，改造成会所或餐厅，有人痛恨，有人欢喜，就看你怎么想了。再好的房子（珍贵文物除外），如果一直没有人住，没有人料理打扫，很快就会败落溃朽，有了人气滋养，才能长久保存。可如果把内部结构改得面目全非，套旧名卖新香，就必遭老粉丝的吐槽和白眼。与其这样，不如去盖座现代中式的新房，不如出品发表新香。顶着经典外壳，兜售完全无关的私货，和挂羊头卖狗肉一样恶劣。

　　所幸老谣言年代已久，知名度比起其他同门经典也稍有不如，所以新谣言还能挣得一席之地，这是她的运气。

◇ L'Artisan Parfumeur 阿蒂仙之香

❧ Passage d'Enfer 地狱大道 ❧

阿蒂仙和安霓古特这个牌子一样，她家的绝大部分香水都很适合无甚体味的亚洲人使用。但和安霓古特家的都市战将感不同，阿蒂仙的香水，骨子里总会有一种懒洋洋、满不在乎、随性而为的悠闲感。是都市里的休闲派，钢铁丛林中的隐者，有着大隐隐于市的闲适。

地狱大道，看名字既神秘又诱惑，如果你从字面上来理解，那就大错特错了，其实这只是一条街名，我也刚知道不久。本来对这款兴趣相当高昂，这么一来马上放低期望。味道倒是还好，小清新木调，带点柑橘清甜，夏天随意喷洒没问题，可收打折白菜。

地狱大道里没地狱，就像 Hermessence 刀锋薰衣草无刀锋一样，都是翻译惹的祸，真是个美丽的误会。

⊱ Iris Pallida 2007 托斯卡尼鸢尾 2007 限量版 ⊰

　　这款是 2007 年的限量，盛惠两千五百毛爷爷，我等小农深感肉痛，只肯收个试管解馋。

　　香水里鸢尾的土粉药腥很清透，更像是装在玻璃框中的标本而非香料本身，柑橘清甜和橙花加入进来，又让位于广藿和香料的苦与草本药味。这款的后调是些许柑橘加上麝香皂感，有些 JCE 系简约风的派头。

　　这款香水的私人感受，说不上寡淡，也谈不上精彩，如同开始所说，这是个装在玻璃柜子里的鸢尾标本，而不是长在泥土里的活色生香。你可以看到 Ta 的颜色和形状，却无法摸在手里用皮肤感触。

　　就风格而言，卢丹诗的银雾鸢尾像工笔重彩，阿蒂仙鸢尾像淡彩水墨。前者写实兼写意，后者悠然有仙气，很难分孰高孰低，只能凭个人爱好来区分。当然我更喜欢重口。

Al Oudh 阿瓦德之香

近几年，也不知是谁带的头，香水界刮起了一股沉香风潮，无论大众小众——小众更多些，很多品牌都出了沉香香水，阿蒂仙也不例外。

买这个纯粹是因为看到草莓网上出现了中意的小众品牌，心生喜悦脑子抽风，结果在贴吧看到有人吐槽他是满瓶的狐臭味，心里顿生小忐忑，虽说一人一鼻子，可还是怕盲买赌错了。后来按捺不住好奇开了封，居然感觉良好，我挺喜欢这味道，尤其是中后调。安稳闲适的木调，混搭花果香感觉更好。但这瓶还是不建议盲买，接受度不会广。帖子里说的狐臭味的确存在，其实那是类似体味的气息，10 Corso Como 和爱慕的史诗里都有。我的一个上司，夏天出汗，身上就会散发这种味道，有些咸腥，并不算臭。幸好在我皮肤上散发很快，嗖地一下就没了，谢天谢地。

阿蒂仙里的小重口，Oud^①里的小清新。

———————————————

①沉香。

❖ Jean Desprez 珍蒂毕丝

Bal a Versailles 凡尔赛假面舞

凡尔赛假面舞，你想到了什么？华丽靡奢？珠光宝气？衣香鬓影？浪漫恋情？

凡尔赛假面舞，是 Jean Desprez 这个品牌最成功、也是最出名的香水，至今依然还有销售，价格比较厚道，喜欢东方辛香调的香迷们请踊跃下手，尤其是 Michael Jackson 的粉丝。这是 Michael Jackson 最喜欢的香水，因为这个原因，这款香水在 MJ 死后曾经一度热销。POP 之王喜欢的香水，自然人人好奇，人人想要拥有且一窥究竟。

虽然我对这种"活着的时候不好好珍惜，等到人死了才来追忆"的做法不以为然，不过买来偶像的最爱留个纪念，也算无可厚非吧。

❖ Jean Patou 让·巴杜

⌇ Joy 喜悦 ⌇

Joy 是 20 世纪 30 年代经济萧条时期，Jean Patou 时装屋为了拉住不再光顾的美国 VIP 推出的一款香水，据说采用了大量的天然原料，每三十毫升 Joy 至少需要大约一万朵茉莉和二十八打玫瑰，是当时世界上成本最高的香水。如今 Joy 已诞生八十多年，正是又一个轮回，金融海啸刚过不久，也是经济萧条时期，香水界却不曾推出如同 Joy 一样的经典。

话说刚开始收集香水的时候，我还是个菜得不能再菜的菜鸟，能分辨的香味很少，刚开始用 Joy，就觉得是一股红花油风油精味，哪有什么玫瑰茉莉，还有点臭臭的。

后来闻过的香水多了，慢慢就能分辨复合花香中的味道，体会到完全不同的感受。这是一支多么美妙的玫瑰香，玫瑰的香味很从容自得，沉稳雅致，内敛坚强，一派落落大方。当然，这不是通常意义上的娇艳玫瑰，而是一朵开在岩石中的玫瑰，一朵开在狂风中的玫瑰，一朵有筋骨的玫瑰，是一朵被插在牛粪上，却还是潇洒盛放不见狼狈的玫瑰。这是在逆境中仍然面带微笑，永不放弃，从不退缩的坚强女性；是经济困难时依旧心有希望，盘算着如何减少开支却还能享受同样快乐的聪明女人。特立独行，与众不同。

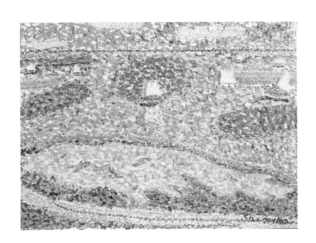

　　我觉得 Joy 更适合现在的女汉子,上得厅堂,入得厨房,能修电脑,能打流氓,能扛桶装水,能搬冰箱,能开越野车,能买新房。只是这样的女汉子,大概不会讨男人的欢心,大男子总是喜欢小鸟依人的女子,如这女汉子把该他们干的事都做完了,他们恐怕心里会不平衡。

　　女汉子没人爱,那就自己多爱自己,爱情婚姻这东西,未必需要强求,随意随缘吧。谈恋爱是件快乐的事,和用香水一样,别把它们当作任务和负担,只要 Joy,只需 Joy。

❧ 爱情三部曲 ❧

爱情三部曲，Amour Amour（爱情啊爱情）、Que sais je？（热情如我）和 Adieu Sagesse（告别贞洁），是 Jean Patou 在 1925 年同时推出的，也是这个牌子首次推出的香水。这三支香，从思慕、告白到热恋，更像是女孩的内心独白。

Amour Amour，是这女子刚刚坠入爱河，心里装满了初尝爱情的甜蜜。那淡淡的苦是"君住长江头，妾住长江尾，日日思君不见君，共饮长江水"的感叹，是对自己所爱之人的期许，希望自己的爱恋能够得到回应。有首小诗说：爱之酒，甜而苦。的确有点那个意思。不过瓶子里是二三十年代的爱情，没那么欢腾雀跃，如深藏在叶片草丛下的涓涓溪流，能闻其声，不见其形。隐含在心的喜悦，闷骚、低调。

Que sais je？女孩思虑再三，鼓足勇气向对方告白，等待对方作出肯定回应。果然是到了第二步，甜蜜度和苦涩度都比第一步强烈一些，不过就算强烈，那也是压抑在心里，紧贴皮肤，而不是四处发散，唯恐旁人不知。杏仁既香且苦，那甜苦交织的感觉是什么？心怀忐忑？又甜蜜又不安？担心对方一口拒绝？得到了又怕失去？

Adieu Sagesse，告别贞洁，香味远没有字面上这么直白。女子陷入热恋，完成了从女孩到女人的蜕变。生活如此美好，女人安下心来，但仍有隐忧会不自觉浮上心头。眼前身边的这个他，究竟是不是可托付终身的良人？彼此的未来，是否能无风无雨？能否偕老白头？其实，爱情本来就是稍纵即逝的啊。

"此水几时休，此恨何时已。只愿君心似我心，定不负相思意。"

❖ Jo Malone 祖曼侬

❧ Red Rose 红玫瑰 ❧

　　Red Rose 很甜，但是甜而不腻，像是加了蜂蜜的玫瑰。Red Rose 很香，但是香得不熏人，娇憨甜美，分寸掌握得挺好。这款玫瑰和 Stella 绝对玫瑰、茶玫、卢丹诗玫瑰女王都不尽相同，如果排个次序，Stella 绝对玫瑰—茶玫—JM 红玫瑰—卢丹诗玫瑰女王的次序，便也就是从女孩到熟女的演变吧。

　　我闻过很多支玫瑰香，现就还记得的几款对比一下。肖邦的粉钻是撒了糖霜的玫瑰糖；Stella 的绝对玫瑰是家里盆栽的玫瑰；那卢丹诗的 Sa Majeste La Rose 便是盛开在原野中草地上的玫瑰，是刚剪下来，带着露珠和枝叶气息的新鲜玫瑰，JM 的红玫瑰则是情人节从心爱的人手里收到的玫瑰，是开在温室花房里的玫瑰。

　　世人常用玫瑰比喻爱情，我这里用各个阶段的爱情比喻一下香水。Stella 的绝对玫瑰是恋爱的初期，羞涩、迷惑、不知何去何从；香水工坊的茶玫是表白期，大胆不计后果；JM 的红玫瑰是热恋期，甜蜜、美好、对未来心怀憧憬；而卢丹诗的 Sa Majeste La Rose 就是爱情的成熟期，具体是入城了还是顿悟了全看个人的体会造化。

　　当然，四个玫瑰我都喜欢，不过相比之下，我最爱的还是卢丹诗的玫瑰女王。

　　我觉得 JM 的红玫瑰在婚礼上用还是挺好的，甜甜蜜蜜，浓得化不开，但是绝不会浓得招人厌，热恋中结合的人，当然就应该是你依我侬、满怀柔情蜜意的啦。

Vintage Gradenia 栀子花

　　第一次品祖曼侬的 Vintage Gradenia，觉得有点似是而非，刚开始是像栀子花的味道，但仔细地嗅又觉得会有不同。似乎里面有茉莉存在，还有不知哪种树叶的青气，和我闻过的真实栀子花不太像。我知道以前的栀子花香是用茉莉和晚香玉合成模拟的，如今已经能够提纯，只不知祖曼侬调制这朵栀子，用的是哪种方法。

　　然而用过几次，又觉得她其实蛮写实的，感觉就是那一朵栀子花，连花带叶水灵灵的，挺生动。初闻淡雅清新，像是远观，花香慢慢随风飘来。中调逐渐浓厚，有一丝栀子花特有的奶香，还带着绿叶的青气，像是观赏者被花香吸引，走进了细看，于是洁白厚实的花瓣和绿油油的叶子映入眼帘。

　　我印象中的栀子花，一向很平易近人。房前屋后花坛里，窗台下阳台上，可盆栽可随地种植，能高雅能通俗，既可以用青瓷瓶装好一束，或用青瓷花洗装清水盛了置于书案，也可以随便地插在玻璃瓶酒瓶甚至搪瓷茶缸里，放在我们的餐桌上。祖曼侬的这支 Vintage Gradenia 给我的感觉就是如此。

◈ Marc Jacobs 马克·雅各布

～ Blush 绯红 ～

绯红的味道很单一，几乎没什么变化，从头到尾就是微甜的、淡淡的、轻柔粉嫩的、乖巧干净的茉莉香气，一点异味都没有，当然也没有茉莉特有的清臭气。虽说轻柔，却不轻飘，有小儿女情怀，但行动间一派落落大方。虽说清淡，可留香时间却不短，一天下来，时不时能闻到耳后手上飘过来的淡淡幽香，身心舒畅。

前些时候有位二十多岁的姑娘来送发票，临走时一句 "阿姨再见"，就像一把大锤，瞬间敲得我抬不起头来。好打击人的，姑娘，你可以叫声姐的嘛，我果然到了开始计较称呼的年纪了么？等她走后，我赶紧拿 Blush 出来，拯救一下破碎的玻璃心。

下面是广告时间，Marc Jacobs 的 Blush，治愈系香水，年轻女孩的首选，青春少艾的良配，看到哪里有存货就赶紧下手，因为她停产了，实在可惜。老实说，Marc Jacobs 现在出的香水是越来越不知所谓了。

◇ Mont Blanc 万宝龙

❧ Présence d'une Femme 星辰 ❧

中文译名星辰。有点气势的柑橘开头，可惜只维持一小时就弱了，香草还是甜丝丝，里面又加水生味。广藿香的气息一直失踪，所谓木头，也就是点刨木花吧。也就前调和海报上的皮衣御姐形象相似，到了中后调，强势女怎么变成小甜甜了，真是让人大跌眼镜。其实她也不是一味的甜，耳后还有些柑橘和胡椒，一丝酸一丝清新。不是甜若无骨的棉花糖，带点小脾气，像是爱家的Kelly中加入了香草。价格还算白菜，可随便日用。

这支香给我的感觉像是个所谓的剩女（呸！这称呼真恶心！），本身强势能干。只怕还是个双博士，因为遇到的男人太娘而一直蹉跎，最后眼看快过期，承受不住各方的各种压力，不得不放低姿态去迁就，但总归内心不甘。

其实结不结婚，什么时候结婚，和谁结婚，完全是个人的自由，无关人士——即便有关——也根本没有权利指责议论，干卿底事啊！

❖ Narciso Rodriguez 纳西索·罗德里格斯

⤳ For Her 淡香水 ⤳

　　这是款在初入香坑时就如雷贯耳的香水，前辈评价是 Stella 的成长版。用 Stella 的女孩长大，就成了 For Her。味道开始时苦涩，很快便散去，透出丝甘甜，墨水味晃了一下就不见，ambra 的熏感不明显，柔和玫瑰里带着一股烟草香。这是款安静简单的香水，Stella 同名是忧郁少女，Fer Her 多了成熟历练，可相比之下，我还是喜欢 SMN^① 的 Rosa。

　　Stella 是"少年不知愁滋味，为赋新诗强说愁"；SMN 的 Rosa 是"却道天凉好个秋"。Fer Her 呢？她夹在两者之间，即被愁思所困扰，又不能浑然忘忧，不上不下，好不尴尬。

---

① Santa Maria Novella，意大利老药房。

❖ Nina Ricci 莲娜丽姿

❧ Nina L'Elixir 浪漫少女 ❧

中文译名浪漫少女。

现在新出的香水，充满了赚一票就跑的急功近利，实在让我提不起兴趣。这款恰好是买杂志送的试管，就难得尝试一下商业香。一开始就是甜，像是加了奶油的红色草莓果酱，中间夹杂着水生调里固有的水兮兮漂白粉味，为什么现在香水里总是有这个味道？接下来就只有奶油甜＋水生味＋类似薄荷的一点清凉，没多久那点清凉感也消失，变成一味的甜腻水生到底。

看看 Nina Ricci 以前出的经典，再瞧瞧手里这无趣的又一个苹果，不由感叹，如今节操这玩意儿，果然是用来随便丢着玩的。

✿ L'Air du Temps 光阴的味道 ✿

　　这款经典香有两个译名，一为比翼双飞，一为光阴的味道。前者是由瓶盖上的双鸽形译而来，香水本身和爱情、婚姻、幸福其实没啥关系。后者则是字面意译的美化，颇有小资味。L'Air du Temps 是二战后期反战思潮的产物，所以瓶盖上才是两只和平鸽。不过让我们展开想象：不打仗了，年轻人可不就谈恋爱了吗？谈恋爱了可不就比翼双飞了吗？

　　去年发现 Nina Ricci 在电影《最强喜事》里做过广告，刘嘉玲演的女作家把香水滴进墨水里写作，看瓶子应该是比翼双飞的香精。

　　虽然官方译名称之为比翼双飞，可我更喜欢字面的直译。香水的每一个版本，其实都无可替代，就像树上的花和叶，看着外形相似，年年都会重开，重新发芽生长，然而每一朵，每一片，都是独一无二的。每一款香水都隐含着 Ta 出品那个年代的风貌，那个年代的审美、思想和口味，的确是时代的气息、光阴的味道。

◈ Parfums Gres 格蕾

〜 Cabochard 倔强 〜

中文译名倔强。不知道该怎么描述这款，老毛病改不了啦，越是喜欢的就越会拙于言辞。

她曾是最成功的苔香型香水之一，可是往日的辉煌终究过去，盛者必衰是世间常理，想要树木常青基本是不可能完成的任务——5号的成功不可复制，能在名香史上留下光辉一笔，或许便是这香水最好的归宿了。

倔强，香如其名，广藿香的苦，皮革的微熏，都恰到好处。檀木时隐时现，间或有一丝粉甜，透出缕缕烟草香。低调不发散，不咄咄逼人，这位女子的倔强，并不显现在外表，傲气只是深埋在骨子里，绵里藏针。

奇怪的是，LT大神对她的评价很低，也许他是针对现今偷偷改过多次的版本吧。其实达人也好，大师也罢，他们的意见只能作为参考。喜欢什么香水，是很私人的事，区别的只是口味不同而已，和品位无关。

甲之蜜糖，乙之砒霜。

仅此而已。

Cabotine 歌宝婷

中文译名歌宝婷。

　　官方的宣传是，母亲一代使用 Cabochard，她们的女儿则用 Cabotine。歌宝婷继承了 Cabochard 的蝴蝶结，只不过白色变成了绿色，蝴蝶结变成了菜花头。可她却比 Cabochard 有名得多，有名到什么程度？香港对于 Parfums Gres 的中文称呼就叫歌宝婷。虽说广告上宣扬歌宝婷是 Cabochard 女儿辈的香水，不过那是上个世纪的事了。

　　歌宝婷的广告词是 Je suis comme je suis（我就是我），挺有现代精神，但毕竟是 1990 年推出的，二十多年前为年轻女孩出的香水，和现今的口味已经区别很大。这是款相对清淡的绿色香水，虽然也有点类似风油精，不过一点也不刺鼻，很怡人很轻快，带着点旧时韵味的绿色气息，有一丝清甜。虽然年轻，但不像现在那种直白白甜腻腻的花果调，虽然活泼，但却透着文静。夜来香在这里一点都不浓郁，向来霸道的白花，在这只香里表现出难得的静雅。到后来有点淡淡的铁锈味，不知道是什么成分，有点像苹果被切开放久了的味道。

　　正装的瓶子不如 Q 香好看，正装瓶子就顶着一颗菜花头，少了脖子上那圈绿色花围巾，总觉得少了点味道。LT 大神对她的评价更低，只有一星……

❖Penhaligon's 潘海利根

◈Lily & Spice 番红白花 ◈

　　Penhaligon's，我称其潘家。英国沙龙品牌，1860年从理发店起家，逐步发展成高档香水屋。在维多利亚女王时代被授予"王室御用"的称号。并于1956年和1988年分别被现代英国王室授予"王室御用"的许可证。不过这个"王室御用"的许可证是有时效的，所以我们大可不必把它太当作一回事。

　　Lily & Spice是一款清新的单一花香型香水，地道的白百合花气味。广藿香的分量加得微妙，使得百合香气变得沉静大方，不会由于单一香型而显得单薄。也正是广藿香的加入，使这款香水踏实安宁，透出丝丝暖意。她不像花店里的香水百合那样香气逼人，而是不慌不忙地散发芬芳。给人感觉，就像英式的淑女，端庄优雅，稍嫌严肃板正，不够活泼洒脱。

☙ Elisabethan Rose 伊丽莎白玫瑰 ❧

潘家的伊丽莎白玫瑰，开始便是酸且清冽的、天竺葵枝叶的腥味，玫瑰藏在后面，慢慢露出花形。比较起来，Jo Malone 的红玫瑰甜蜜活泼，伊丽莎白玫瑰酸涩安静，比 Stella 的玫瑰又要大气些。后面慢慢会有一种皂感，不过端庄过了头，死板地如同裱在画框里的玫瑰。

到了晚上，飘近鼻端的是玫瑰花枯萎的味道，忽然心生灵枢，悟出这支香的妙处。

她的味道变化，就像你早上从玫瑰园里把这朵含苞的花朵剪下，带回家插进瓶子里，眼看她慢慢盛开，绽放，最后静静枯萎。这支香呈现的，是一支玫瑰由生到死的历程，由此便对这朵英伦玫瑰喜欢起来。

好像戴安娜。

我脑袋被十三号棍子敲了，真难得。

❖ Perfum's Workshop 香水工坊

Tea Rose 茶玫

　　茶玫，香水工坊 1975 年出品，单一花香调，价钱便宜量又足，两三年前情人节优惠期间，一百二十毫升只需一百二十元左右，平均一元一毫升（会计的职业病），当然现在涨价了一倍，不过还算物美价廉。

　　听说这是亦舒师太写过的香水之一。同样在师太小说里出了名的，还有 Guerlain 家的午夜飞行和 Jean Patou 家的 Joy。之所以是听说，那是因为我一直对言情小说不感兴趣，我从小喜欢的是武侠玄幻科幻奇幻还有少年漫画，初中时班里的女孩子都在看琼瑶亦舒梁凤仪，我却捧着金古梁温看得不亦乐乎。

　　茶玫和茶无关，纯字面翻译而已，Tea Rose 所指是中国的月季。当初月季和茶一起从中国运到欧洲，所以西方人管它叫 Tea Rose，如同瓷器就叫 China 一样。

　　单就花香而言，我总觉得玫瑰偏酸，胜在香气纯正，且凝聚力强；月季则偏甜，香气容易散，偶尔会冒出果味。茶玫香水单纯只是月季的味道，还夹杂着些枝叶青绿。不高高在上，不娇嫩甜腻，带点野气。像是乡间的农家小院里，最初随意插了几支月季，不经意间竟繁衍出一大片，呼啦啦地开了，花虽不够齐整，倒也鲜艳芬芳。中国的月季，就是这么家常亲切，朴素平凡，从不娇生惯养，俯视群芳。如同一身休闲长裙的邻家女孩，虽然她衣着随便了点，脸上还有雀斑，可毕竟瞧着亲切。

◇ Robert Piguet 罗拔贝格

⌒ Fracas 喧哗 ⌒

　　这是经典晚香玉之一，一直听说此香扩散能力相当彪悍，所以我用的时候都非常小心，严格控制流量数量。到底有多强悍，好像没人向我提意见，也不知同办公室的妹子是被熏麻木了还是真没问题。

　　晚香玉大多给人肉欲性感的印象，然而 Fracas 有些例外，这是朵妩媚的晚香玉，艳丽中带着柔和，温柔中又透出野性，总是让我想起"媚眼如丝"这个词。有的女人媚在外表，有的媚在骨子里，而有的女人，则是由内至外都妩媚动人。Fracas 就是位由内而外都充满健康阳光的性感，行动间不自觉带着点挑逗撩拨意味的美人。我觉得，她比 5 号更加适合玛丽莲·梦露。

　　现今商业香里的白花，基本是兑了水的二锅头，香则香矣，劲道远远不够，细品之下清汤寡水没嚼头，更别期望会有多少回味。就像同一家整形医院出来的韩国美女，个个都长了一张家族脸，胸前不别上铭牌还真分不出谁是谁。像 Fracas 这样好的晚香玉，越来越难见到了。

Bandit 盗匪

　　我不知道手上这瓶是改过多少次的版本，不过依然魅力无限。

　　开篇是白松香，夹了点茉莉的吲哚淡臭还有潮湿气息。没过多久，就像香瓶口忽然被蒙上一层薄膜，所有香味都沉寂下来，低调贴肤得一塌糊涂，只偶尔有一丝柔韧感的芬芳隐约浮现。却不是花草木香，给我的视觉感受好比小麦色皮肤、匀称肉体，健康而不肉欲。

　　中调过渡的时候，会有淡淡铁锈咸味冒出，还有细微红花油残留的味道，是很多老香惯有底子。花香木香树脂到后来一直都没什么存在感，要贴着皮肤才能嗅出依兰香味。只有那种圆润的气息若隐若现，时而带着皂感，时而又像柔韧弹牙的浅褐果肉，分不清是哪种成分。

　　闻着香味，不知怎么，脑子里竟冒出新猫女的形象来，穿紧身皮衣的蒙面俏丽女盗匪，好贴题啊。

◇ Serge Lutens 卢丹诗

❧ Sa Majeste la Rose 玫瑰女王陛下 ❧

　　Serge Lutens，法国小众香水屋，中文译为卢丹诗、卢丹氏或是芦丹氏，我比较喜欢卢丹诗这个译名。

Serge Lutens 是曾经的 Dior 艺术总监和资生堂全球形象策划，以他名字命名品牌的香水，圈子里公认是一幕华美的戏剧。经不住诱惑，我买了 Sa Majeste La Rose，中文译名，玫瑰女王陛下！

虽然名字叫做玫瑰女王陛下，Sa Majeste la Rose 却不是强势的玫瑰。如果说肖邦的粉钻是撒了糖霜的玫瑰糖，Stella 的绝对玫瑰是家里盆栽的玫瑰，那卢丹诗的 Sa Majeste la Rose 就是盛开在原野中草地上的玫瑰，是一大片玫瑰花田，是刚剪下来，带着露珠和枝叶气息的新鲜玫瑰。大概是荔枝的作用，玫瑰花香鲜活起来，水灵灵，娇嫩嫩，你还能闻到蜂蜜的味道。

前调是草木香和玫瑰香一起涌出，如同来到了清晨的玫瑰花园。中后味，玫瑰花香一直在鼻端缭绕，可把手背放到鼻子下闻，嗅到的却是青草和枝叶的青气，真的是奇妙啊！

由于是 EDP，留香时间很长，一天都不用补香，到后来，像是刚洗完澡残留的香皂味。晚上洗手的时候，还会有玫瑰的香气传来，让我非常满意。

吊钟十三款

卢丹诗有三条产品线：白标方瓶，黑标方瓶和吊钟瓶。白标方瓶是普通线，香水专柜可寻，黑标方瓶是从吊钟瓶里挑选出来来到普通线销售的，而吊钟瓶，只在巴黎总店能找到。至于限量手绘吊钟瓶，这种天价货咱就不讨论了吧。

吊钟瓶会出黑标，有些黑标方瓶销售个几轮又会回到吊钟瓶去，但不是所有吊钟都会出黑标，至少下面的十三款没有出过，且听我一一道来：

Iris Silver Mist：这是我目前闻过最接近鸢尾原料的香水，土气、粉感、药片味和植物油腥。前调只有鸢尾，没什么其他杂味，花草树木等香料俱无影无踪，带着土腥和粉尘，有一丝清凉，像是清晨田间或林道上的薄雾。慢慢地，些微花香树脂透了点出来，衬在鸢尾下，有种蒙雾薄刃的金属质感。这款是目前十三款吊钟里的最爱。

Boxeuses：经过这款香的洗礼，我总算明白皮革动物香是个什么概念了。开篇熏感从容镇定，水果香甜也分量适当，木质倒不太明显。这不是厚实皮衣，只是一副皮手套，戴手套的人或许还悠闲地嚼着果味口香糖。带一点软软的刺感，熏意果香慢慢淡化，留在皮上是类似天竺葵叶在手里揉碎后的腥气。

Bois Oriental：刚抹上一时没感觉，接着呼啦一下，熏感喷涌而出，开篇强劲气势如虹，有些呛人。干粉，木质，透出清凉和些许辛辣，还有一丝隐约清爽甜意，给人的画面极其矛盾，好像林子里既尘土飞扬，又满是翠绿枝叶。或许是因为艳阳照射下，松林空气中的飞尘纤毫毕现？

　　la Myrrhe：这款我还真不知道怎么说。前调很熟悉，有绿辣感，像是添加了醛的复合花香，带点甜带点苦和药味，除了类似带醛老香的前调，还让我想起某种熟悉却叫不出名的药水。十来分钟后，忽然就冒出一种植物腥气来，类似碎天竺葵叶，又像是大多没有花香的花朵，她们花蕊所带的植物腥臭，有点难忍。这股生腥味在整个漫长的中调独唱高歌，青气直冲印堂，让我颇为头痛。类似5号的复合花香映衬在底下，被压着直到腥气沉寂减淡。底香有甜味，但是不腻。很像5号里混入了其他香材和生腥气，可惜我无福消受。

　　Rose de Nuit：玫瑰、玫瑰、香水里使用最多的成分，相关主题最多的香料。关于玫瑰的香水有很多，想要出彩也很难，SL的这款夜玫瑰就是比较出彩的一款，出彩到什么程度？可以收一个吊钟的程度！广藿香、檀木、amber，让这支玫瑰更迷人沉稳。我想这里的Nuit，指的是夜晚举行的宴会吧。夜宴上的玫瑰，怎不艳丽夺目，光彩照人？

　　de Profundis：开篇就是强大明亮的绿，呼啦啦一片满眼都是，充满绿意的紫罗兰，少许类似风油精的凉意和微辛，有点风干百合的味道。间或浮现带着清甜湿意仿佛膏状胭脂香粉的气息，总感觉这种脂粉是淡玫瑰中带点紫色，像是翡翠里的"春"色。这香味和紫罗兰绿意交替出现，如同春带彩翡翠。

　　Rahat loukoum：这是我小时候常吃的杏仁鸡蛋饼干的味道。金黄色圆圆的饼干，中间鼓两边薄，边上会烤得微焦呈褐色。小时候常吃，后来不知道怎么回事，忽然就接受不了杏仁味，跟晕香似的。香草奶油甜蜜杏仁略苦，听说牝狼是这个吊钟的冲淡版，可我觉得 Ta 没牝狼那么直冲印堂，属于可以接受，甚至能够喜欢上的范围。

el Attarine：这香蛮中东的，虽然比起 Amouage 家算是清淡版。如果中东风情是一件从头到脚包裹的黑袍，那这款只是一袭金色纱丽。开篇夹着较淡类似体味的檀木腥膻，或者还有孜然杏仁芫荽等香料在里面，有些粉，熏感稍重，近了闻会让我呼吸不畅。随着时间推移，熏感沉寂，有一丝甜意闪现。

类似体味的中东香料气息一直淡淡贴在皮肤上，好像真是从我身体里散发出来一样。渐渐有股潮湿霉感浮现，有些像树之蜜。底调应该是 amber，熏感已散尽，带着丝微辛。正因为那层淡薄自然且恰到好处的类体味香料，让我对这香青眼有加。好比蜜色皮肤异域美人鬓边一滴汗珠缓缓流下，经颈脖锁骨没入深 V 领口不见。

Encens et Lavande：这款薰衣草前调够劲！又油又绿又硬的感觉，视觉效果居然一点都不紫。薰衣草本身的味道起初隐隐约约，反而是烟熏绿意药味和粉感较浓厚。像是艳阳下一片尚未盛开的薰衣草田，放眼望去皆是绿叶，在阳光映照下夺目耀眼，只风吹过时露出几快早开的紫色。干燥，不水润。这一款，LT 的女儿（五岁）曾把香水倒在了沙发上，于是他闻了一年多，可居然没有闻腻，也一直很喜欢。不过他觉得，这款更适合当室内香氛……

Bois et Musc：开篇时麝香不太明显，雪松的清凉和粉感居多，些许酸甜味，应该是柑橘和薰衣草吧。随后酸甜慢慢退去，类似冲淡风油精的清凉感加重，夹杂着铁锈咸辛和丝丝缕缕潮湿。麝香细微，木质偏粉。倒像是清晨伐下的树木搁置堆放，在阳光照耀下水分一点点流逝，连同苗类也被慢慢蒸干。

Fourreau Noir：前调奶油香甜只虚晃一下，迅速被香料的药感温辛烟熏和丝丝清凉压倒，瞬间荡然无存。这几种气味极快混合，汇集成棕黄的聚合物，如同一层不透明的漆。到了中调，隐约有清甜慢慢冒出头，却离得很遥远，飘忽且难以捉摸，刚硬的漆层化成了莱卡棉。同事一致反映远闻很舒服圆润。随着气温升高，前颈处甜粉味开始明显，如同膏体状的胭脂，就着皮肤薄薄敷上一层。手背上温辛熏感依旧，一会儿呈现出烟草香，一会儿像冲淡版的油漆混合红花油。时间推移，香甜粉糯慢慢占领上风，温辛药感逐渐柔和，这里的甜不像那种明快腻味的美食甜，而是类似橡苔的酸甜，倒是有点像柔软烟熏小羊皮。

Mandarine Mandarin：柑橘？橙花？茉莉？晚香玉？茶叶？青绿、甜蜜。我爱死这支香的前调了，像是茉莉花茶加蜂蜜的味道。甜蜜中透出一点青苦，药香为底，amber的熏感很淡，茉莉和茶叶的那股青气惟妙惟肖，光凭这前调，我就有了收吊钟的冲动。随着青气慢慢散去，她变成了蜂蜜橘子茶。这甜味不腻不奶油，却像泡在蜜罐里，还加了新鲜柑橘或柚子连皮带肉切成的细丝，有些酸意的爽甜。茶水被慢慢喝完，杯底尚有蜜糖未曾全部融化，还夹杂着抹茶粉和零星橘肉。因为有茶粉的苦涩＋香料的淡淡温辛作为中和，蜜糖水也不甚甜腻。看瓶子图案就可以知道这香水的主题，难道中国在西方人眼里＝茉莉＋茶＋柑橘＋蜂蜜？这也是款办公室里深受好评的香水，手绘瓶全球限量三十个。我很好奇，LT的评价怎么这么低呢？

Sarrasins：好带劲的、臭乎乎的茉莉。开篇吲哚臭浓厚，而且中后调始终持续若隐若现，然而缺乏茉莉特有的青绿气，不像我们常见的那种盆栽小花茉莉，贴近闻还有较淡的腥和甜。这朵茉莉并不小家碧玉，她圆润温和却刚强，大气柔软性感，但又不是那种赤裸裸的肉欲。也不咄咄逼人，强大气场自然而然，由内至外，是当之无愧的夜之女王。

◇ Sisley 希思黎

～ Soir de Lune 缘月 ～

甜苦交织的水果玫瑰。

其实我不是不喜欢花果香，我只是不喜欢轻浮、千人一面、没有层次内涵、香甜到没有性格的花果香。花果里不能有太多苹果梨水蜜桃，不能有水生味，必须有广藿香，必须像橡树苔压阵，劳丹脂也成，肉豆蔻胡椒肉桂茴香之类香辛料暗中辅佐，最好还加上檀木白松香。

香水不能只是一味地甜，甜香不是不好，可是一味地甜远不如先苦后甜，苦中带甜来得让人印象深刻。最好能甜苦相当、彼此平衡，最好能搭配爽口的酸和提神的辛，类似这款 Soir de Lune 的味道。

说到底还是因为我年龄增长的缘故，就像看书，青春过头的书已经看不进去了。果然香水还是有心理年龄界限的。

唉，流光容易把人抛。

❖ Stella McCartney 斯特拉·麦卡特尼

⌒ Stella 斯特拉同名女香 ⌒

　　这是我刚开始掉进香水大坑的时候收的一支玫瑰，至今依然有爱。虽然她香味并不复杂，仅仅只是玫瑰和 amber，但胜在简单得有气质。这不是盛放在花园里的玫瑰，也并不新鲜，她摆在花店里大半日，才被买了一朵回家，随手插在花瓶里，摆在屋子一角，静静地散发芬芳，安静恬然。

　　几天之后花谢了，掉落的花瓣被捡起，随手夹进一本书里，书本被放回书架。时间过去，忽然想起故事还未看完，便把这本书拿出接着再读。书页翻动间，前次夹在里面的玫瑰花瓣掉出，飘落在桌上，已然干枯发黄。

❖ YSL 圣罗兰

❧ Opium 鸦片 ❧

　　Opium，大名鼎鼎的鸦片，估计是 YSL 最出名的香水了，其实她的内地正式译名为"奥飘茗"，应该是为了照顾国家历史伤痛。听说当初 Yves Saint Laurent

提出这个名字的时候，也是遭到当时香水公司决策层的强烈反对，僵持了很长时间才得以通过。至于香水瓶外形或是香水的创意到底是来自中国鼻烟壶还是日本的某种漆器，这个就要拜托天使去采访 YSL 本人了。反正我怎么看都不觉得鸦片香精瓶子有中国风，倒是和风浓厚得紧。

香水一喷出来就闻到了辣，烟熏火燎，提神醒脑，但却不刺鼻，和红花油直透脑门的辣区别明显，多了一丝甘甜，少了很多透凉的辛。这种烟熏火燎持续了很长时间，慢慢地，辣里透出一种类似脂粉的甜香气息，夹杂着木香和墨香，不过闻上去不是普通干式粉状的质感，而是类似湿润软糯油脂状的香膏。用味觉来描述的话，口感酸甜且浓稠，像在嚼加热融化后的牛皮糖，在我皮肤上还有一股加印子蜜饯的味道。

Opium 给我的感觉，是重庆的麻辣火锅，是视觉上浓稠挂碗的棕褐色浆体，如同绍兴黄酒女儿红。就像古董车上下来一位身材火辣的美女，穿着高领长礼服，上身裹得一丝不露，偏偏下面裙子开着一条高叉，行动中白嫩光滑的匀称长腿在裙摆间时隐时现。有人说 Opium 和旗袍是绝配，我倒觉得还是 YSL 自己的吸烟装与 Opium 更和衬一些，有种闷骚强势和内敛的性感。

提一下 Opium 的香精，我还没开，不过就其瓶子外面散发出的香气来说，没有 EDT 版本强势，感觉很女人，相当妩媚。

Nu 赤裸

先说一句，Nu 是我喜欢的类型。她不甜美，有些辛辣，但是温暖，很投我脾胃。里面的麝香带着墨香，檀香有点熏人，木质感不明显，倒是香根草那种湿润泥土味隐隐约约。Nu 的辣和相差三十年的同门师姐鸦片不太相同，温婉圆润很多，没那么尖锐，像是鸦片尾调冲淡版。比较过这两位同门，顿生三十年河东三十年河西之感慨。

可即便 Nu 相比之下柔和了，在现今一大堆 Loli 粉嫩花花果果香味水里（真的只是有香味的水而已），依然强势自我，特立独行。细想之下有种荒谬感，以前的女性温柔婉约，可主流香水却气势如虹，现在女子大多赛过男儿了，主流香水倒开始低眉顺眼简单无脑起来，这是说明社会愿望需求其实都是和实际脱节的吗？

⤳ Yvresse 醉爱 ⤳

　　Yves Saint Laurent，法国时尚巨子，和卡尔老佛爷并称双雄，相互抢过情人，Yves 赢了。最早成名的圣美利诺羊毛设计大奖，也是 Yves 赢了。Yves 是天才横溢，卡尔老佛爷属大器晚成型，两人一直明争暗斗，地位孰高孰低，自有公论。如今 Yves 去了，不知卡尔寂寞否？忽然想起 2012 秀场，卡尔老佛爷特意贴了个 No Smoking Here 的禁止图标，上面画着一女子身着吸烟装，打上一道红杠杠，这让我的八卦之魂熊熊燃烧。夺我所爱，到死都不原谅，我喜欢！

　　八卦完毕，开掰香水。

　　Yvresse 醉爱，原名 Champagne 香槟，创于 1993 年，原先是花果香调，听说闻起来就像香槟酒一样气泡横溢般美妙，瓶子也像香槟酒瓶。然而法国酒商太牛，认为 Champagne 就是且只能是香槟酒的专属名词，不给用，告到法院强迫人家改名不算，还让 YSL 赔了五万法郎。YSL 迫于无奈，只好在 1998 年改名为 Yvresse 醉爱，干脆把香调也改了，从花果香调转为柑苔香调。但是 YSL 也有气，人家就是不改广告不改瓶子，所以现在的 Yvresse 其实是旧瓶里装着新酒，瓶子好看，香水不错，味道却已不是出品时的味道了。

　　醉爱的前味像极了我小时候常喝的一种果汁酒，中后味的感觉也像喝果汁酒，晕与美妙并存。话说那种酒，酒精度其实比啤酒高，我以前不知道，常常当成汽水喝。有一次连喝两瓶醉倒了，醒来后我就坚决和所有酒类划清界限，一直到三十岁才破戒。那时候才上小学，喝了那么多果汁酒，很奇怪居然没有被酒精祸害成痴呆。

这个，扯远了，拉回来……

说到晕，是因为我晕油桃，油桃在我皮肤上就会出来一种油腥味，Burberry 的周末也有油桃，我也晕。醉爱里的油桃不够强，基本被橡苔压在下面，本人又极喜欢柑苔调，所以就变成了晕与美妙并存的感觉，就像酒至微醺一样，真不辜负醉爱之名啊。

❖ Van Cleef & Arpels 梵克雅宝

⟨ First 初遇 ⟩

刚闻到这支香，很难想象她居然是爱马仕御鼻——JCE 调制的。

这是 JCE 患上简约偷懒综合征之前的作品，可以说是成名作，和他后来调的香水风格迥异。开篇是美妙的醛，醛香并不锐利，在水仙等花香的衬托下，反而显得圆润。馥郁芬芳中有少许的粉和桃子，优雅大方、气场隐然的老醛花，或许是 JCE 在向 5 号、石中花这些老香致敬吧。

不过细品下来方知，JCE 的风格如同深刻进骨子里，其实一直都在。即便 First 花团锦簇，他惯有的那种淡然依旧不变。

我曾经左手 5 号香精，右手 First 作过对比。论醛香，两者开始一样气势如虹，但后者不如前者凛冽持久。相较之下，5 号偏苦粉偏辛凉偏木香，First 偏甜美偏清冽偏果香。论气势 5 号到底强些，First 更像是紧跟前辈脚步的后学末进。

5 号和 First 之间的气质差异，如同梅郎和李玉刚的区别。咦？好像有哪里不对……

❖ Worth 巴黎价值

❧ Je Reviens 等我回来 ❧

我们为什么喜欢老香？这不仅仅只是个怀旧的问题。

时间如浪淘沙，在时光的长河里，那些面目模糊的跟风之作，都被一一冲刷淘汰，留下来的，都堪称经典。经典香之所以经典，自然是因为其独特且有过人之处。

再者，现在生活节奏太快，看小说不习惯铺垫。网络小说有个铁律，必须在一千字内出现主角，主角必须在三千字内展露身手，第一章之后就必须直奔主题；听相声也不习惯慢慢抖包袱，要是不三分钟一个笑点，都吸引不了观众。娱乐这样，工作这样，恋爱婚姻这样，香水也这样。商家恨不得顾客一看到海报就下单，使用者恨不得一喷上就变身。新香几乎都在卖力呐喊：我是甜心带我回家。

我想这和市场需求也有关系，商业香里，市场决定一切，不管这瓶香水本身是否出色，不畅销几乎就等同于失败。现在香水使用者年龄段普遍下降，普及面也比以前要广。论坛贴吧，我常常看到很多询问求推荐的帖子，这都能体现出，有很多人开始使用香水。然而大部分求香者，是想给自己贴上个标签催眠自己，让自己有底气，让他人能够看到，这就和买包喜欢买 Logo 是一样的心理。

　　闲话休提，说回味道吧。Je Reviens 的开篇，我感觉最清晰的是醛、橙花和丁香，橙花柔美，丁香和醛锐利，结合在一起，给人一种刚柔并济的感觉。莺尾的粉和 amber 的微熏带出一些气势，木质和橡苔又让她浑厚沉着。她淡定、从容、低调，有阅历却不强势，温婉而又刚强。

　　老香的含蓄底蕴和娓娓道来，是现今新香所不能企及的。

◇ 10 Corso Como

10 Corso Como

　　近来除了 Noir，Oud——沉香——不是一般的红，尤其在小众香水界，就是不知道用在香水里的沉香是哪个产地什么品级的。

　　沉檀龙麝，古人所好。这四种重要香材里，沉香排在首位，由此可见它在中国古代香席上有多重要。

　　10 Corso Como 是我接触的第一款沉香香水，或许也是商业香水界的第一款沉香香水。沉香的苦药感呈现压倒性气势，檀木偶尔会冒个头，其他什么玫瑰天竺葵香根草，统统不见踪影，在我皮肤上基本就是木头当道。前调会有种类似体味的气息，中味的木调略微发酸，到了后调，就变成浴后皮肤的清香。这款香发散度较高，自己不觉得浓厚，别人已经说好香了，最适合私自品评，平时要严格控制用量。

附 录

目前，作者常常活跃在新浪微博和微刊《暗香疏影》上，除此之外，也是《Fragrance Moment 香水时刻 》杂志（全球第一本华语阅读的香气生活杂志）的"香水"、"香评"栏目作者。

爱香水的你，隔三差五，就能在这本面向所有热爱生活与香气的华语阅读者、旨在发掘一切与香气相关的美好事物，让读者闻香知情识趣，香飘生活每刻的月刊上，看到作者专业、实用、有趣的香评。

让香气充满你的生活，唤起你最美好的回忆，带来幸福感觉；让喜爱香气的人借阅读打开眼界，得到启发，受到鼓舞，让香气与爱和我们同在。

这是作者、《香香的》、《Fragrance Moment 香水时刻 》杂志的共同心愿。

如果在阅读本书以后，感觉意犹未尽，也可以通过订阅 Apple App Store 上面的《Fragrance Moment 香水时刻 》iPad 交互杂志了解更多关于香水的内容。《香水时刻》官方微博、微信公众号业已开通。

另外，我们近期将会在新浪微博组织"有奖晒香评"活动，你还可以关注＠中国国际广播出版社数字部官方微博（新浪）或登录中国国际广播出版社官方网站（http://www.chirp.cn)，将你的香评发送给我们，即有机会赢得惊喜礼品。加关注，随时了解更多有关图书、文化与品质生活的最新信息与活动，期待你的热情参与。

《香香的》电子书即将在 Apple App Store 上市，欢迎搜索、试读或下载。

愿每一个你，都拥有芬芳馥郁的生活。

在 APP Store 搜索"香水时刻"

扫描二维码关注《Fragrance Moment 香水时刻》杂志微信

扫描二维码关注《Fragrance Moment 香水时刻》杂志微博二维码

扫描二维码关注中国国际广播出版社微博二维码

图书在版编目（CIP）数据

香香的 / 碧湖玉泉著.—北京：中国国际广播出版社，2013.9
ISBN 978-7-5078-3626-4

Ⅰ. ①香… Ⅱ. ①碧… Ⅲ. ①香水—鉴赏—世界 Ⅳ. ①TQ658.1

中国版本图书馆CIP数据核字（2013）第197576号

香香的

著　　者	碧湖玉泉	
部分绘画	曹晨雨	
责任编辑	杨　桐　祝　晔	
版式设计	国广设计室	
责任校对	徐秀英	

出版发行	中国国际广播出版社（83139469　83139489[传真]）
社　　址	北京复兴门外大街2号（国家广电总局内）
	邮编：100866
网　　址	www.chirp.com.cn
经　　销	新华书店
印　　刷	北京艺堂印刷有限公司

开　　本	787×1092　1/24
字　　数	60千字
印　　张	7.5
版　　次	2013年9月 北京第一版
印　　次	2013年9月 第一次印刷
书　　号	ISBN 978-7-5078-3626-4/G・1411
定　　价	38.00元